ぼくの生物学講義

人間を知る手がかり

日高敏隆

昭和堂

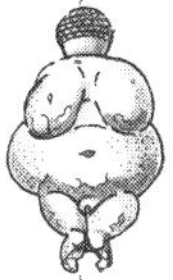

それでは、日高敏隆先生の生物学の講義をはじめたいと思います。生物学といっても、細胞だとか光合成といった教科書的なものではなく、「人間とはいかなるものか」ということについての、生物学の視点からの講義です。

先生は、これまでいろいろなことに疑問をもち、調べてこられました。そうしたご自身の研究のほか、外国の書物の翻訳を通じて得た知識を背景に、人間について話を展開します。特殊な哺乳類としての人間、学習と遺伝の関係、種全体と個の問題、オスとメスのやり方の違い、そもそもなぜ性などというものがあるのか、といったいわゆる生物学的なテーマのほか、人間特有の言語の問題、ものを見るとはどういうことか、また、ものの発見とはどういうことか、などにも話が及びます。

この講義には、先生が長年考えてこられ、未だ本にまとめていない人間の成長に関する新しいアイデアも含まれます。どのような講義になるか興味深く耳を傾けたいと思います。

では、先生、よろしくお願いします。

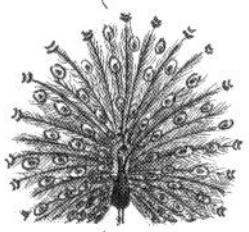
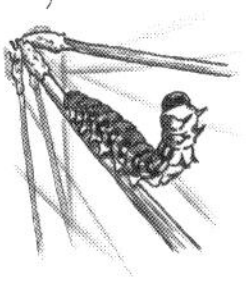

目次

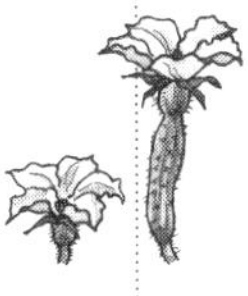

第1講◈動物はみんなヘン、人間はいちばんヘン

ぼくは東京大学の動物学教室の出身ですが、入った時に非常に苦労しまして、学校を間違えたから、ちょっと変わろうかと思ったぐらいだったんです。

昔、京都に今西錦司先生という方がいらっしゃいまして、ニホンザルの社会はどうなっているかということをやってたんです。どう考えても面白そうだ。おサルというのはどういう動物だろう、なんてことを考えてた。ああいうことをぼくはやりたいなと思ったんだけど、お金がないもんだから京都にも行けないし、そのままだった。

それ以来ずっと京都へ来たいと思っていた。だいぶ経って京都へ来れたのは四十代を越えてからでした。それから学生と一緒に、タヌキの研究だとか、いろんなヘンな研究をやった。

そんな話はこれから出てくると思いますけれども、結局は京都大学に定年までいて、つぎに滋賀県立大学という新しくできた大学の学長を六年やって、それから総合地球環境学研究所というところの所長を六年、それがこの三月で終わった。そういうところです。

講義は、滋賀県立大以来いっさいしたことがない。久しぶりに学校で講義をするのは、たいへん嬉しいです。

動物はみんなヘン

で、今日は、人間はどういう動物かという話なんですが、そんなことは普通考えないですよね、ぼくらは。人間が動物だってことはみんなよく知っている、多分。だけども、よく考えてみると、動物にしては、いろんなヘンなところがいっぱいあるわけですよ。

動物といっても、まぁいろいろあるんですね。それぞれ変わってます。その中で、じゃトラはどういう動物かという話はできますね。クマはといったら、こういう動物ですよ、というふうに。

じゃ人間はどういう動物かということを考えてみると、非常にヘンな動物である。じつは人間だけがヘンなんじゃなくて、たとえばゾウだって、すごくヘンな動物なんですよ。

ゾウさんといえば子どもたちが好きで、「ゾウさん、ゾウさん」とか言ってるけれども、よく考えてみるとゾウの鼻ね、これ息を吸うためのもんですよ。この鼻をなんだか知らないけれど、大きくしちゃって、なーがくしちゃったわけですよ。あれで周りの草を食べ、暑い時には水を吸い込んでシャワーを浴びるんですよ。ぼくらは鼻でシャワーを浴びようなんて考えたことないですよね。

それから、鼻がこんなに大きくなっちゃうと、頭骨も小っちゃいわけにいきませんから、大きくなるんです。で、頭骨が大きくなると、頭が大きくなるんです。頭が大きくなっちゃうと、胴体が小さいわけにいかないから、胴体も大きくなる。結局あんな大きな動物になっちゃった。というのが、ゾウなんですね。すごい変わった動物です。

で、まあ、ほかにも、いろいろ変わったのがいる。どの動物もみんなヘンです。みんな変わっている。ぼくらはなんか人間を中心に考えるもんですから、人間は変わってないように思ってる。でも、よーく考えてみると、ヘンなんです。非常にヘンなんです、人間てのは。

人間はケモノ

人間は赤ちゃんを産んでお乳で育てますから、哺乳類ですね。つまりケモノですね。哺乳類っていうのは、ケモノなんです。

ケモノというのは「毛の生えたもの」という意味です。クマさんもケモノで、やっぱり哺乳類です。そして四つん這いになっている。それが、だいたいの哺乳類の、いちばん普通の形です。

人間はこの仲間なんですが、じつは、まっすぐ立って歩いている。ですね？　だから「人間は直立二足歩行をする動物だ」っていいますが、それはもう、定義上そうなっている。

ぼくが大学生の頃は、まだ人間という動物の定義はなかった。たとえば哺乳類という動物全体については定義があった。四つ足で、そして体に毛が生えていて、そして温血動物で、子どもを産んで、そしてその子どもを乳で育てる。それがだいたいの定義だそうです。

これが鳥になると、二本足で立っていて、前足が翼になっていて、そしてその体には羽毛が生えていて、卵を産んで、その卵を孵して育てる。こういう動物が鳥なんです。それ以外は鳥じゃないんですね。

では人間はどうかっていうと、人間は哺乳類、つまりケモノであるというわけだけれども、まず、まっすぐ立ってるんですね。それがだいたい、すごくヘンです。赤ん坊の時は四つん這いでいるんですが、大きくなると二本足で立つ。これが当たり前なんです、人にとって。

クマは四つ足でいるのが当たり前なんです。だから全然違います。ほかの動物はほとんどすべてが四つ足です。あの、レッサーパンダとかなんとかいうやつが立つとかいって、一時期有名になったじゃないですか。あれは一時的に立っただけなんですよ。普段は四つ足なんです。時どきふわっと立っているんです。

それからチンパンジーとかゴリラってのは、バナナかなんか食べ物を取る時は立ちますけれど、実際四つ足でいる方が楽なんです。立っているのはしんどいんです。人間は立っている方が楽なんです。そういう動物です。それがだいたいヘンです。

ケモノというのは体に毛が生えているから、そういいます。ところが人間の体には事実上毛はない。間違いなく裸です。私たちが裸でいるというのはヘンですね。ケモノという言葉は嘘になる。毛の生えていないケモノなんです。看板に偽りあり、ということになる。

では、毛がまったくないかといえばそうではなくて、髪の毛はある。しかもその髪の毛は伸ばそうと思えばずっと長く伸ばせる。髪を伸ばせるというのは当たり前だと思っているけれども、じつはクマとかアライグマは毛を伸ばそうと思っても伸ばせない。

たとえば動物園に行くとチンパンジーがいますね。チンパンジーのメスが、人間の素敵な女の人を見て、「ワァー、素敵だなあ、私も髪の毛を長く伸ばそう」と思って長く伸ばし始めたとします。どうなるかというと、あるところまできたら必ず伸びなくなる。絶対伸びない。どうやっても伸びない。毛の長さは決まっている。

ところが人間だけは、伸ばそうと思ったら長く伸ばせる動物なんです。こういう動物はいないんです。なぜそうなのかというのが、わからないんです。

考えてみると、体に毛がないというのも、なんでだかわからないんです。毛がない方が確かにきれいです。ですが、毛がないということは、陽が差したら暑いし、冬になったら寒いし、やっぱり不便ですね。だけど、なぜだか知らないけれど、人間はこういうふうになっている。それも不思議です。で、髪の毛はあって、こちらはいくらでも長く伸ばすことができる。もうひとつ別に、髪の毛以外に陰毛があります。ここだけはちょっと毛が生えている。ほかの動物は体中に毛が生えていますが、この部分にはない。ところが人間は全体に毛がなくて、この部分だけある。なぜなのということは、わからないんですね。

立って歩く

では人間についていうと、頭がよいとか、言語を持っているとか、文化を持っているとか、思想を持っているとか、いろいろなことが言われていますが、体だけでもぜんぜん違うのだということになってきました。

結局、体の構造からいった時に人間の特徴は何かといったら、直立二足歩行をすることであるということになります。

直立して立っているためには、大腿骨がまっすぐでなくてはだめです。普通の四つ足の哺乳類は大腿骨が湾曲しています。それで立ちますと、これが曲がっていますから、まっすぐには立てない。人間はすっと立てるんです。すっと立てるというのが特徴なんです。だから大腿骨がまっすぐであるということが他の動物とは違う、人間の特徴なんです。

ほかのサルはというと、大きく分けて二つの仲間があるんです。ひとつは有尾猿で、尾っぽのあるものです。もうひとつは尾っぽのない無尾猿です。ぼくらはサル、サルといっているけれど、それには二つの仲間があるんです。

有尾猿というのは、ニホンザルだとかタイワンザルだとか、ぼくらが普通に見ているサルです。普通のサルはみんな尾っぽがある。

無尾猿というのは、チンパンジー、ゴリラ、テナガザル、オランウータン、それから人間。この連中には尾っぽがありません。この無尾猿のことを別の言葉では類人猿といいます。英語では有尾猿のことをmonkey、無尾猿のことをapeといいます。われわれはサルというとmonkeyと思いますが、apeというのもサルなんです。

人間はサルのグループの霊長類に属します。霊長類というのは、ネコのような食肉類だとか、ウマのような有蹄類だとか、ネズミのようなげっ歯類とかいったたぐいと同格です。英語ではprimates。じつは中国系の言葉でいうと、万物の中で一番えらいのを万物の霊長といいます。人間が分類学をする時にやっぱり人間が入ったグループが一番えらいんだと考えちゃったんで、このグループは霊長類ということになりました。これはとんでもない、よくない言葉なんですけど、しようがないです。

しかしさっき言ったように、人間はもう、ほかのサルとはまったく違うんです。有尾猿というのは普通のサルで、四つ足で歩いています。無尾猿も四つ足で歩いています。チンパンジー、ゴリラ、テナガザル、みんな四つ足です。で、時どき立つ。ところが人間だけは、どういうことか時どきではなくて常時立っています。それが人間というグループの特徴になります。

まっすぐな大腿骨

今から一世紀ぐらい前だと思いますけれど、東南アジアで大腿骨のまっすぐなサルの骨が見つかったんです。これはどこだったかなあ、東南アジアのインドネシアだっけ。その骨は化石を掘っていた時に見つかったそうです。

大腿骨がまっすぐということは直立して立っていたということだから、このサルに直立猿人という名前をつけました。これがみんなの知っているピテカントロプス・エレクトゥスです。

分類学者は生き物全部に学名をつけるんですが、それはラテン語かギリシア語なんです。まっすぐの大腿骨の骨を見つけた人は、この動物は霊長類の骨であることは間違いない、大腿骨がまっすぐだから直立していたはずである、だから普通のサルではない、と考えた。無尾猿の中の、しかも人間だ。そこでピテカントロプスという学名をつけました。

ピテカントロプスというのは、ピテクス（サル）、アントロプス（人間）、すなわち猿人。エレクトゥスというのはラテン語でまっすぐ立っている。学名とは、こういうふうにギリシア語とラテン語を組み合わせて長い名前をつくります。そして、ピテカントロプス・エレクトゥスで、直立猿人ということになった。

この発見がそうですねえ、一九〇〇年頃だったか、それぐらいですね。これはもう大ニュースだったわけですね。最初の人間の骨が見つかったということで非常に有名になったんです。それ以来、あちこち掘ればきっとそういうのが出てくるぞということで、みんな一所懸命掘ったわけです。いろいろ掘っていると、アフリカからやっぱりたくさん出てくる。直立して歩いていたと考えられるようなサルの骨が、けっこういっぱい出てくる。

それでもう、何とかトロプス何とかかんとかとか、そういう名前のやつがいっぱい出てきて、それを並べてみると、またわからなくなったんですね。いろんな人間がいることになるから。

今、人間という種は一種類です。だけど何十万年も前、あるいは何百万年も前から見ると、なんかいろんな人間がいたみたい、ということになって、それをまた、どういうふうに進化したかということをざあっと並べていく。分類学者はそういうことをずっとやってきました。いまだに何が一番古いかというのは、あんまりよくわからないんですね。

とにかくはっきりしていることは、人間というのは直立二足歩行をしている動物である。しかもサルであるということです。それが人間という動物の特徴だということになります。

頭骨の改造

じゃあ、クマでもイヌでもなんでもいいですが、ああいうのを思い出してください。あの連中は四つ足で立っていて、そして頭が前を向いていますね。

あの連中が、仮に大腿骨がまっすぐになったとして、それでエイッと思いきって立ったとします。そのまんまで。そのまま立つと頭は上を向いちゃうんですね、そうでしょう？　空を向いてしまう。で、前を向きたい時は首を曲げないといけないんです。

人間はまっすぐ立っていて平気で前を向いていますが、四つん這いになったら地べたを見ちゃいます。そのまま歩こうとしたら、頭をいつも上げていないと前が見えない。そこが違うわけです。

そうすると、直立二足歩行するためには大腿骨がまっすぐなだけじゃダメで、頭が前を向くように頭と背骨が直角についてなきゃいけない。それでないと前は見られないんです。

じつは、頭の中には脳があって、脊髄と続いています。で、頭が前を向いてくれるためには、脳と脊髄が直角になっていないと困るんですね。

そうすると、だんだん話がややこしくなるんですが、頭骨と脊柱がつながっている穴をずらさないといけませんね。四つ足の動物では、頭骨の一番後ろに穴があって、そのまま脊柱につながっているんです。人間の場合には、頭骨の丸い部分の下側に穴があって、脊柱につながっている。そこで、ひとつ頭の骨を工作して、一番後ろにあった穴をなんとかして頭骨の一番下に持ってこなきゃいけない。

持ってこなきゃいけないといっても、別に細工をしているわけではないから、だんだん下にずらしていくことになる。そして、しかもそこに脳がつながる。それ自身、ものすごく大変なことですね。で、結局、われわれは全部そうなっています。君らもまっすぐ立って、体をまっすぐ上に向けて、前に行けるわけですね、みんな。

それは何でもないような気がするけれども、ほかの哺乳類はこういうふうにはできていないんです。けれど類人猿の骨を見ると、それが、だんだん違ってきているところが見えるんです。ゴリラやチンパンジーなんていうのは、まあ、人間にわりあい近いです。頭骨の穴の位置が、イヌやクマより下にきている。だから、よぉく見ると、ゴリラやチンパンジーというのは、頭が少し斜めについているんです。われわれでは、あごとか眼球とか細かいところまでみんな変わっているんですが、それは実に大変なことだったんだ。

内臓を支える

それで、まあ頭骨は何とかなったとしても、ぼくらの体には内臓がありますよね。肺とか胃袋とか肝臓とか、いろいろなものがある。

ところが、クマやイヌがエイヤーッと立ったらどうなります？　内臓は全部下にズドーンと落っこちちゃいます。どうしようもない。もう胃袋から肝臓から全部ドサーッと下に落ちちゃいますね。でしょ？

人間の場合、これを引っ張るなり受けるなりしています。まっすぐ立ってしまうと、背骨がまっすぐだったらドーンと内臓が落っこちちゃうので、背骨をS字型にしているんです。で、筋肉によって肺をぶら下げたり、胃をぶら下げたり、肝臓をぶら下げたり。で、下は骨盤で、腸なんかを受ける。こういうふうに、ぼくらはまあ、なんとか立っているわけです。

じつは、背骨をSの字型にするのは、なかなか大変です。背骨っていうのは本来まっすぐなんで、椎骨の一つひとつがまっすぐだったら、S字型の脊柱の間に隙間ができるわけです。隙間ができるということは、非常に危ないんですね。これをさせないためには、一個いっこの形を変えて、四角いのではなくて、台形の格好にしなきゃいけないわけです。

体操の時なんかに、よく背筋をまっすぐ伸ばしてと言われる、ね。あれは嘘です。背筋をまっすぐ伸ばしたら、ぼくらは立っていられない。背筋は曲がってるんですよ。それも前後に曲がる。で、そのためには一個いっこの背骨の形を全部変えなきゃいけない。で、骨盤は大きくなくっちゃいけない。

全体を支える足

足の裏を見てみましょう。四つ足の動物の場合、足の裏っていうのは小っちゃい。馬なんて指一本。これがまっすぐ立っちゃうと、全身の目方がこの足の裏にかかってくるんですよ。ぼくたちは五〇キロから六〇キロあるから、それが全部足の裏にかかってきます。だから、こういう時の足の裏は大変。

そうすると、この足の裏ってのは、普通の格好ではどうしようもないわけです。立つためには足の裏が大きくなるみたいで、やはり人間の足の裏は大きくなって平べったくなります。結局、人間の足の裏の長さは、人間のひじくらいの大きさになるんですね。

その時に、足の裏が全部平べったかったら、どうしようもない。平べったくてベチャベチャ、ベチャベチャしたら、これ、だめなんです。土踏まずががっちりとあることが大事なんです。これで、前後に力を分けてやってるわけです。

そこまで変えないと、人間は二足歩行ができない。足の裏というのは、手のひらとはまったく違うんです。ほんとは、もともとおんなじもんですが。いわゆる手足だから。

立つものの悩み

そうすると問題はですね、なんで人間はそこまで苦労して二本足で立つようにしたんだろうか、ということです。ぼくらは立ってて、何か得なことがあるのかなあ。

立ってるとね、いろんなヘンなことがあるわけですよ。たとえば飛行機に乗った時に、この頃いわれてる、エコノミー症候群っていうのがあるじゃないですか。飛行機のエコノミークラスに乗ってニューヨークまでとか、あるいはヨーロッパぐらいとか、十二時間ぐらいずうっとこう座ってるでしょ。そうするといろんなことが起こってきて、時には倒れたり死んじゃう人がいるわけですね。

じつは、二本足で立ってるから、ああいうことが起こるんです。本来は立っているべきものが、座っちゃって、足をこう曲げて、それで十二時間じっと座ってるわけです。それは人間にとって非常に異常な状態なんですね。そうすると、血管が詰まるとか何とかいうことが起こってきて、結局エコノミー症候群になっちゃうんです。それを防ぐためには時々立って歩いたりしないとダメですよって言われるんですね。そういうわけです。

それからヘルニアっていう病気があるんですね。聞いたことある？　昔は脱腸っていったんです。要するに、腸が出てきちゃう。だいたい腸は同じく無理しとるからね。まっすぐ立ってれば、下へ落っこちちゃう。

イヌやネコが脱腸になったりすることはない。ああいう連中はもともと四つん這いでいますから、腸が出てくることはない。人間はまっすぐ立ってるもんですから、腸が肛門から出てきちゃう。ね、そういうヘンなことが起こる。

さらに大変なことがあります。心臓は脳へ血液を送っていますね。動物の場合は水平に血液を送ってます。

人間の場合はまっすぐ立っちゃったので、心臓から上に向かって血液を送り込まないといけない。しかも、脳は血液を非常によく使う器官ですから、大量に血液を送らないと倒れちゃいます。そのためには血圧が高くなきゃいけないんですね。だから、人間では高血圧とかがよく起こるんですが、じつは高血圧になっちゃうのは人間がまっすぐ立ってるからです。

けど唯一、ほかの動物で人間と同じ悩みを持ってんじゃないかと思われるのが、キリンですよ、キリン。あの首の長いキリン。足はスッとなって、首はながーくなって、あれ何メートルある？　頭は三メートルぐらい上の方にあるんですよ。心臓はずっと下にある。三メートルぐらいの高さに血液を押し上げてるわけです。これが非常に大変なんです。

で、そうするとね、キリンの血圧というのは、心臓を出た時には――人間の場合、非常に高い血圧でも一五〇とか一七〇とか、その程度と思うんですが――キリンの心臓の近くの血圧というのは三八〇あるという。ものすごい。人間やったら、もう脳が泡立ちます。まあ、ぼくはアフリカでよくキリンを見てますけども、立ってるキリンが脳貧血を起こして倒れるとかいうのは見たことがありません。

さらに逆に、今度は立って歩いてるとね、ぼくらは足がだるくなる。うっ血します。血が溜まる。で、下にきた血液を上に戻すには、やっぱり今度は一メートル近く上げなきゃいけないんで、大変なんです。キリンの場合には三メートルぐらい下へ下がってるんですよ。キリンは、まあたぶん人間と非常によく似た悩みを、血液に関しては持ってる。

なぜ立つのか

で、人間はぼくら誰でもみながその悩みを持ってるわけです。だから、そういう悩みを持ってまで、なんで立ってんのか。

ひとつは、立ったら遠くが見える。四つん這いだったら遠くが見えない。草っぱらで生活していたわれわれ人間の祖先が立ってみると、敵が来たかどうかもよく見える。だからではないかというんですが、まあそのために、ずいぶんいろんな、つらいことをしてるんだなあ。そのつらいことに及ぶだけいいことがあるんですか、とまあ聞きたくはなる。

昔の人は、違う答え方をしてごまかしてます。それは、まっすぐ立ったことによって、脳がいくらでも発達できるようになったと。それが、人間の頭が上になった理由ではないかと言う。しかし、立ったから頭がよくなったということではないんですね。立ったこととは関係ない。それから、もうひとつは、まっすぐ立つことによって、人と人が向き合って話ができるようになった。それがよかったと。人間は向き合うようになったために、いろんな相当ヘンなことが起こっちゃってるんですが、そういうことが起こっても、よかったのかなぁ。

とにかく人間は、何がよかったかわからずに、まっすぐ立つということをやって、そのためにもう全身の骨から何から構造をどんどん変えた。で、今はもう、こういう動物になっちゃった以上、もういっぺん四つ足動物には戻れないんです。まっすぐ立ってれば楽かっていうと、夜には寝たくなりますね。やっぱり夜は横になっていたい。寝る時もイヌやネコみたいに、こうクルッと丸くなって寝る人はいないんで、やっぱりまっすぐ寝てる。そういうような動物に、とにかくなってしまった。こういう動物は、じつは他にはいない。

そういうお話なんですが、どなたか質問があったら、ちょっと時間があるんですが。なければ、この次は、われわれは二十万年生き、なんで体に毛がなくなったかっていう話です。

第2講◈体毛の不思議

それでは、生物学の二回目を始めます。

前回、この講義では、人間っていうのはいったいどういう動物かっていうことを考えてみる、と言いました。

というのは、この現代、日本も含めて世界中でいろいろなことが起こっています。よく考えてみると大昔から人間は戦争をしていて、いつになっても止まらない。でも、戦争というのをする動物は、ほかにはいないんですね。実際、「戦争はいやだからやめたい」とみなそう思ってるんだけど、いつになっても止まらない。それはなぜなのか。どうしたらいいかっていうことを、もうこの二一世紀になってだいぶたつんだから、ちゃんと考えなくちゃいけないだろうと。

そのためには、生物学の一端として、人間というのはいったいどういう動物なんだということを、ちょっと考えてみる必要があるだろうというので、この講義をすることにしたわけです。前回は、ほかの動物と比べて人間のいちばん変わったところのひとつとして、まっすぐ立ってるということを言いました。と同時に、体には現実的にいって毛がありません。じゃあ、どうしてその毛がなくなったのか、これがわからないんです。で、今日はその毛の話をしようと思います。

人間にはなぜ毛がない？

ドイツ人の研究者がいて、人間にはほんとに何本毛が生えてるかっていうことを一所懸命調べた人がいる。そうとう大変だったらしいんだけども、じつは人間は、ゴリラやチンパンジーよりもはるかに生えてる毛の数が多いそうです。ところがその一本一本の毛が短くて柔らかいもんだから、ちょっと見た時には毛がまるで生えてないように見えるだけの話であると。しかし、とにかく毛は実際上生えてない。

なぜ、そうなっちゃったのか。それで、大昔の人間の化石を調べてみた。

大昔っていうのはね、何百万年も昔。今のぼくらをホモ・サピエンスっていいますね。われわれ現代人が出てきたのが二十万年前か、せいぜい三十万年前だろうといわれています。これもちゃんと見た人がいるわけじゃないからわからないけど、まあ化石から見るとそれぐらいだろう。

でも、われわれ人間の祖先の、つまりゴリラやチンパンジーよりはずっと人間に近くなった連中の化石というのは、何百万年か一千万年ぐらい前からもう出てるんです。そういう連中にはまだ毛がある。ところが今から二十万年から三十万年昔に現代人が現れた。その時から、つまりホモ・サピエンスという種類になった時から、毛は事実上なくなっちゃった。それはなぜなんだろうということを、いろんな人がいろいろ考えてます。

ノミ・シラミ説

いろいろ言われてる理由のひとつとして、きっとね、毛が生えてた時にはノミやシラミがいっぱいいたんで、すごく困ったんだろうと。だから、もう毛をいっそなくしちゃえばいいだろう、というわけです。

今から五十〜六十年ぐらい前、ぼくがちょうど中学生ぐらいの頃はシラミがいっぱいいて困りました。シラミは髪の毛にも衣服にもつくんです。そのシラミがいるとかゆい。かゆいだけじゃなくて、発疹チフスという病気を媒介するんです。そういう病気にかかると大変な状態になります。

ところが調べてみるとヘンなことで、ゴリラにはシラミはいません。ゴリラジラミなんてシラミはいない。人間にはヒトジラミという、人間だけにつくシラミの種類がいます。それから、チンパンジージラミってのもいません。すなわちゴリラやチンパンジーには、つまり類人猿にはシラミはつかない。

じゃあノミはどうかっていうと、じつはノミもいない。ま、サルには多少シラミはつきますけども、ほかの奴にはシラミはほとんどいない。さらにノミもいない。

で、人間は――君たちもノミに食われたことってのは、あんまりないいんじゃないかと思うけども……、食われた人いますか？　今までに。あるかな？　ある？

ノミはゴリラにもチンパンジーにもいない。それにはわけがちゃんとあります。ノミっていうのは、親は小っちゃくてピョンピョンとはねて、血を吸う奴ですね。親はそうなんですが、ノミの幼虫は血を吸ってるんじゃなくて、毛を食べてる。毛を食べるといっても、体についた毛を食べてるんじゃない。

いちばんよく調べられてるのが、ウサギにつくウサギノミというノミです。その一生は非常によくわかってる。

ウサギノミは、親ウサギの体の毛のあいだにいて、その血を吸ってるんです。メスのウサギは、妊娠して子どもができると体の中のホルモンの状況が変わります。それをノミはキャッチするわけね。さあ、このウサギさんはまもなく巣をつくりだすなってことがわかるんです。

ウサギは巣をつくる時、自分のおなかの毛を抜いて巣の床に敷きます。そこに赤ん坊を産むわけですね。すると、ノミは自分も交尾をして卵を産むわけです。ウサギが巣に敷いた毛の中に、卵をバラバラバラッと産みます。で、まもなくその卵からノミの幼虫が孵ります。ノミの幼虫が孵った頃、ウサギもちょうど赤ん坊を産みます。

ノミの幼虫はウサギの巣の毛をどんどん食べて、そして、非常に早く育ってサナギになって、そしてノミが孵ります。で、孵った時にはそこにウサギの赤ん坊がいるわけだ。ノミはその赤ん坊についちゃうわけですね。そして、そのウサギの赤ん坊はまもなく巣から出て、あちこち散らばっていきます。その時に、ノミをつけたまんま行っちゃうわけ。

そうやって次の年か、あるいはその年の、ま、春だったら秋とか、ウサギが子どもを産む時になると、また巣をつくる。そんときにまた、ノミは卵を産んで、ということをやる。そういうふうにしてついていくわけですね、ずうっと。

ところが類人猿というのは、ゴリラもチンパンジーもオランウータンも、巣ってものはつくらない。いつも森の中をごそごそ歩いていろんな果物を食ったりして、夕方が来るとその辺の枝をばりばり折って簡単な巣のような寝床をつくって、その中で寝ちゃうわけです。あくる日はこれを放り出してどっか行っちゃう。こういうことをやってるんですね、オランウータンもゴリラもチンパンジーも。

そうすると、ノミの幼虫が育つための、長いあいだ巣の中に毛があるという状況がないわけですよ。だからノミは育ちようがない。それでチンパンジーやゴリラにはノミがいないんです。で、この類人猿の中で、人間だけが巣をつくってそこに定住する、住みつくことを始めたらしい。そうしたら、ノミがついちゃったんですね。だから、人間にはノミがいるけども、ほかの類人猿にはノミがいない。

ところが人間の祖先は、ノミやシラミには苦しめられていなかったらしい。そうすると、体に毛がなくなった理由は、ノミやシラミにたくさんつかれたからということでは、どうもないらしいということになります。じゃ、なんでこんなに毛がなくなったのかなっていったら、よくわからない。

水中生活説

また別の考えがあります。クジラとかイルカというように、ずっと水の中に住んでる哺乳類には毛がありません。ちゃんと見たことある人はあんまりいないかもしれないけど、クジラなんて毛なんか生えてませんよね。イルカも毛は生えていない。

ぼくはイルカに触ったことがあるんですけど、イルカって触ったらどんな感じかというと、まるでトタン板ですね。柔らかいとか触ったらあったかいとか、そんな感じじゃない。つるつるの、ほんとにこの机を触るみたいなもの。そういう動物なんですね。もしかすると人間の祖先は、何十万年昔には水の中に棲んでたのかもしれない。

でも、水の中に棲んでるっていっても、たとえばカワウソみたいに陸の上に住んでいて餌を取る時だけ水に入るというんじゃだめなんですね。クジラとかイルカみたいに、いつも水の中に住んでないと毛はなくならないんです。

人間はかつて、もう赤ん坊の時からずっと水の中にいた動物だったかなあと。もしそうだったらば、毛がなくなっても不思議はないということになりますが……。

人間にも薄い毛が生えてますよね。この毛の生え方をよく見ると、泳ぐ時の水の抵抗に沿って毛が生えてるっていうんですよ。だから人間は、昔は水の中にずっと棲んでたっていうんだけども、化石をいくら掘ってみても、そんな証拠はない。

だから、人間の祖先は水の中に棲んでいたことがないとすれば、人間に毛がなくなったのは、水の中に棲んでいたからではない。あるいはノミやシラミに苦しめられたからでもないということです。じゃあどうして毛がなくなったんだろうなあ、ということです。

森から草原へ

われわれ現代人ホモ・サピエンスが現れたのは今から二十万年から三十万年前らしい。ホモ・サピエンスって名前、みんな知ってますね。昔リンネという分類学の大先輩がいまして、動物にこういう学名というのをつけたんです。

たとえば「人間」は英語ではマン、あるいはヒューマンという。フランス語ではオンム、ドイツ語じゃあメンシュというとか、いろんなのがあってややこしい。だから、それを学問的に全部統一した名前をつけちゃえっていうんで、ホモ・サピエンスを人間という動物の学名にしました。

ホモってのはラテン語で人間のことをいいます。そしてサピエンスってのがね、じつは「賢い」って意味なんですよ。だから「賢い人」ということなんです。成績がよい悪いは関係なく、学名としてはわれわれはみんな賢い人です。

とにかくホモ・サピエンスっていうのが出てきた時っていうのは、今から二十万年から三十万年前だろうといわれています。場所はアフリカだったろうと。その頃の私たちの祖先は、ゴリラやチンパンジーにたいへん近い仲間なんですね。そういう動物たちはみな、アフリカの森に住んでいました。

森っていうのは、動物が生きていくためにはとてもいい場所なんですね。木がありますから敵が来た時には隠れることができるし、木の上に昇れば逃げられる。いろんな木があって、いろんな果物もある。その果物は結構大きくて、栄養があっておいしいわけですね。それを食べている。しかも木の実や果物は逃げたりはしないんで、非常に楽に生きられるところです。しかも、暑くてガンガン日が照ったって森の中には日陰があるし、雨が降ったっていいですよね。そういうところだから、森っていうのはとっても住みやすい場所だったらしい。

そこでゴリラとかチンパンジーとかオランウータンといった類人猿のグループができてきた。そして、その中のひとつとして人間もできたんだと、こういうことです。そういうふうにして、この人間の祖先につながる類人猿は、森の中で進化してきた。

ところが、いろいろ調べてみると、どうも二十万年から三十万年ぐらい前に、その森がだんだん減っていったらしいんですね。立派な森にはたくさん果物もありますけども、あんまりたいした森でないと果物もあんまりよく生らないし、安全でもない。そういうふうになってきた時に、最初のホモ・サピエンスが、草原に出てきたらしい。だから人間の祖先は森の中で育ったけども、人間自身は森の中ではなくて、もう草っぱらに出ていっちゃったんですね。

今のアフリカで森が残っているのは西アフリカです。そのほかのところはもう草っぱらか、あるいはサバンナという小さな木と草が生えたところです。

ぼくらは、草原っていうと、なんとなく緑の草がずっと生えていいところみたいな気がするけども、アフリカの草原ってのは非常にからからで、もう荒っぽいとこです。しかも、そういうところには草を食ういろんな動物がいますから、草の方もそういう動物に食われないために、とげとげだらけの固いものになっているわけです。

そういうところにどうも人間は出てきちゃったらしいんです。そういうところで生きてくにはどうしたらいいかっていうと、結局そこに住んでいるいろんな動物を獲物にして捕まえて食う以外には方法がない。

つまり、ホモ・サピエンスという類人猿はもともとはおサルの仲間で、森に住んで果物や植物を食べる草食動物だったんですね。ところが、それがなぜだか草原に出てしまって、そこにいる動物を捕まえて食うハンターになっちゃったらしい。それが人間の祖先だと、今は考えられています。

デズモンド・モリスの『裸のサル』

この人間の、体に毛がないということを非常に重要視した動物学者に、イギリスのデズモンド・モリス（Desmond Morris）という人がいます。この人は動物学を勉強してからジャーナリストになって、いろいろ面白い本を書きました。

その中で非常に有名な本が『裸のサル』(日高敏隆訳、角川文庫)という本です。このデズモンド・モリスは、人間とはどういう動物かってことを非常に一所懸命考えた人なんですね。たとえば、昔の哲学の人なんかの本を読みますと「言語は神様が与えたものである。その神様に与えられた言語というものを持ってるのが人間である。ほかの動物には言語はない。それが人間の特徴である」というようなことが書いてある。また他の人は、「言語があるだけではない。人間には思想というものがある。ほかの動物には、ネコやイヌには思想なんてものはない。人間は思想というものを持った非常に優れた動物である」と、こういうことを言うんですが、いくら「優れてる、優れてる」といったって、やっぱりよくわからない。

動物学者であるデズモンド・モリスは、そうではなくて、人間ってどうしてこんな動物になっちゃったのかということを考えましょう、と言いました。この『裸のサル』という本の中で「動物学者はある動物を見つけた時に、その動物の体の特徴をまず調べる。たまたまその動物はリスの一種であったとしましょう。足が黒っぽい、そしてアフリカに住んでる、としたらば、われわれはこの動物に〝アフリカクロアシリス〟という名前をつけて、どうしてこいつがアフリカにいるのか、なぜ足が黒いのか、というようなことを調べる。そこからこの動物がなんでそういうふうな動物になったかがわかる。それが動物学だ」と、こういうことを考えたわけです。

この本の原題は“The Naked Ape”といいます。“Naked”っていうのは着物を着ていない、裸という意味もあるけども、英語では「毛がない」ということです。

この本の中で彼は、人間の特徴は裸、つまり毛がないことだということで、毛のなくなった理由を一所懸命考えたわけです。人間の祖先、最初のホモ・サピエンスが現れた頃には、アフリカではうっそうと茂っていた森がどんどん減っていった。そこで人間の祖先は、エイヤッとばかりに草原に出ちゃった。草原に出ちゃうと果物もないので、その辺にいる動物を捕まえて食べるハンターになっちゃったんです。それが毛がなくなったもとだというんです。

どうしてか。これはよく実際に動物園なんかで起こっていることなんですが、ニホンザルを動物園で飼っていますね。その飼っているサルを捕まえる必要がある時に、網を持ってきてバーッと追いかけ回しますと、サルは捕まるのがいやですから逃げるんです。ダーッと走って猛烈な勢いで走って逃げているうちに、ストンと倒れて死んじゃうことがある。どういうことかというと、走り回っているうちに体が熱くなってくる。体温が上がると血液が熱くなるんですね。その熱くなった血液が脳に入ってくると脳がまいっちゃうんです。それで倒れちゃうんです。結局死んじゃう。われわれでも熱い時に熱中症という病気で倒れる人がいる。そういうことが起こるんです。

イヌとかオオカミなんかは、いくら獲物を追いかけて走り回っても、体が加熱しないようにできています。イヌはいつも舌を出してハァハァやって冷やしているんです。口の奥の方に脳に行く血管があるんですが、その途中に舌の方からきた血管が脳に行く血管の周りにぐるぐる巻きついていて、中の血液を舌でハァハァと冷やしていますから、適当に冷えた血液が脳に入っていく。だからイヌは、ダーッと走って獲物を追いかけて体が熱くなっても、ひっくり返ったりしない。

ところが、もともとがおとなしい生活をしていた動物である類人猿、ゴリラやチンパンジーというような連中は、そんなに体がカーッと熱くなることを経験したことがありません。だから熱い血液を冷やすという装置がどこにもないんです。

で、デズモンド・モリスが考えたのは、きっと人間の祖先であるホモ・サピエンスのいちばん最初の連中が草原に出て、獲物を追いかけて走り回るようになるとどうしても体が過熱する。熱くなりすぎる。熱交換の装置をつくるためには、何百万年という時間がかかる。そんな時間はないので、もっと簡単になんとかするにはどうしたらいいか。それは毛を落としちゃう、あるいは毛をなくしちゃう。それが人間の体に毛がなくなった理由である。

こういうことを本に書いています。そのことをずいぶん長々といろんな理屈をつけて書いています。確かにそういうことはありそうな話ですね。

そういうことを彼が書いて、確かにそうかなあというふうに思ったんですが、なかなか世の中にはうるさい人がいるものです。同じく動物学をやっている人でエレン・モーガン（Elaine

Morgan）という女の人がいるんですが、この人がデズモンド・モリスの「体の過熱を防ぐために体の毛がなくなった」という説はいんちきであると言った。

なぜいんちきかというと、狩りをしていたのは人間の祖先のオスである。メスはみんな子どもを育てていた。その当時から人間の子どもというのは大人になるまでに十五年はかかりますよね。その間に母親はずっとその子どもの世話をしていなければならない。子どもの世話をしている間は狩りなんかに出ていられないから、たぶんホモ・サピエンスのメスは狩りには行かなかったはずである。そうすると、獲物を追いかけて走り回ることもないだろうから体が過熱することもない。そしたら体に毛が生えていてもいいじゃないかというわけです。

人間では男と女と比べてどっちの方に毛がないかというと、女の方にむしろない。それはなぜなんだ？　狩りに行かなかったはずの方に毛が少なくて、狩りに行った方が少し余計に毛が生えている。その説明がつかないではないか。エレン・モーガンがそういう本を書いています。

彼女は、やっぱり人間は昔は水の中に住んでいたんじゃないかということを主張したんです。ところが残念ながらその後、どんどん化石が出てくるとともに、どう考えても人間がそんな大昔から水の中に住んでいたということはありえないということになっちゃった。デズモンド・モリスの方がやっぱり正しいんじゃないかということになります。

髪はなぜ長くなる？

人間の体には確かに毛はない。ところが髪の毛はあるんですね。なぜなんでしょう？　おまけに髪の毛はいくらでも長く伸ばすことができる。昔は、紫式部なんか床につくまで伸ばしていたみたいですね。男でも毛を伸ばそうと思ったらずいぶん伸ばせるでしょう？

なぜ髪の毛だけが残ったかというと、理屈としてはたぶん、全身の毛がなくなってまっすぐ立っているけれど、頭には脳があって大事なところだから、やっぱり守らなくちゃいけない。だからここには髪の毛があって、そして陽に当たらないように、熱くならないようにしているんだろうと。そう言われればそうかもしれないけど、だったら髪の毛が伸びなきゃいけない理由もないでしょう。これが適当に生えていてもいいわけです。だからその意味もわからない。

長く伸びるのはなぜかと考えた時、それは体に毛がなくなったら赤ん坊が親にしがみつくところがない。クマさんのような動物だったら、子どもはその毛にしがみついています。だから子どもは親にくっついていられるわけです。ところが人間は体に毛がなくなっちゃったから、赤ん坊がお母さんの体にしがみつこうと思っても、なんにもないんです。そこで髪の毛を伸ばしたんじゃないか？

髪の毛が伸びていると、これにしがみつくことができるというのだけど、ぼくは人間の赤ん坊がお母さんの髪の毛にしがみついているというのは、あんまり見たことがないです。赤ん坊に髪の毛にしがみつかれたら、痛くてかなわんだろうと思うね。だからその話は嘘だろうなあと思うんだけれど、なぜ人間の髪の毛が長く伸ばせるかは、わからないんです。

なぜヒトには陰毛があるのか

それからもうひとつ不思議なのが、人間は全身に毛がないんですが、いわゆる陰毛といわれるものが生えています。ところが普通の動物では、全身に毛が生えているんだけれど、性器の周りのところには毛がないんです。チンパンジーやゴリラでは、そんな陰毛なんてないです。そういうふうに考えると、人間は非常に不思議な特徴を持った動物だということになります。

人間の性器の周りにあるいわゆる陰毛というのは、昔からいろんな理屈がこねられました。たとえば毛ににおいがたまって、そのにおいがフェロモンになってオスを呼ぶんであるとかメスを呼ぶんであるとか、こういう話はあった。それから実際にセックスをする時に毛が生えていると摩擦が弱められるのでいいというのもあります。でも、そういうもんでもどうもないらしい。

結局なんだかさっぱりわけがわからないんですが、全身に毛がなくなっちゃったもんだから、どこに性器があるのかわからなくなっちゃったんじゃないか。そこで性器の周りだけ毛を生やして、ここが性器ですよということを示す信号になっているんじゃないか、というふうにも言われています。

全身に毛がないということは、明らかに人間のすごい大きな特徴なんですね。まっすぐに二本足で立っているということと、全身に事実上毛がまったくないということ、これはすごい変わった動物なんです。


えーと、もし質問があったら聞いてください。なんかありますか。えーと、それじゃまだ時間が早いけど、これくらいにしましょうか。はい、ではでは、どうもご苦労さまでした。

この次は、人間のおっぱいってのがまた非常に変わっているんで、なぜこんなことになったのかはよくわからないという話をします。じゃあ今日はこのぐらいにしましょう。

第3講◈器官としてのおっぱい？

この講義は、要するに人間はどういう動物かということでやっていくんですが、一番最初は人間は直立している、直立しているというのはまっすぐ立っていればいいという話ではなくて、いろいろ大変だという話をしましたね。それから二回目には、人間は哺乳類でケモノで毛があるはずの動物なんだけども、ぜんぜん毛がない。なんで毛がなくなっちゃったかという話をしました。

今日は三回目です。今日はおっぱいの話なんです。

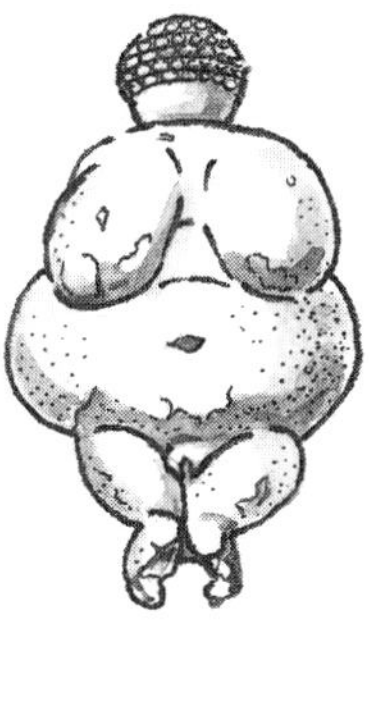

人間のおっぱい

男にも乳首だけはあるんですが、女の人は丸いおっぱいを持っている。人間は哺乳類ですから、卵じゃなくて赤ちゃんを産んで、その赤ちゃんを母乳で育てる。そのための器官がおっぱいなんです。

ところで、ほかの動物でもおっぱいはあります。あんまりよく見たことはないかもしれないけど、ウシなんかだってありますよね。ネコやなんかだって、たくさんついているわけです。そこから赤ん坊が乳を吸うわけです。

ほかの動物のおっぱいというか乳房というのは、とにかく子どもに乳を与えやすいようにできているはずです。たとえばウシだったら、大きな動物で、おっぱいも非常に大きいですけれど、乳首が長くて、赤ん坊はこの乳首をくわえて吸うわけですね。ほかの動物でもみんなそうです。おっぱいを一番吸いやすい格好があるとすれば、哺乳瓶です。細長くて先がとがって長く伸びていて、そこをくわえる。これが一番飲みやすい格好なんです。

ところがどういうわけか、人間のおっぱいというのは、きれいといえば非常にきれいな格好をしています。それで丸い。乳首は短いです。長さは一センチぐらいしかない。ウシなんかだと三センチぐらいあります。でも人間のおっぱいの乳首が三センチもあったら、ちょっとかっこ悪い。かっこよく生きているわけです。なぜこんな格好になっちゃったのかという話をします。

それからもうひとつ、もっとおかしいことは、このおっぱいが赤ん坊のためにあるはずのものなんですけど、性的信号でもある。つまり「自分は女ですよ、メスですよ」ということを示す、そういう信号になっているんですね。

これはほかの動物でもみなそうで、オスは「自分はオスだよ」という、たとえば角が生えているとか、そういう格好でそれがわかるようになっています。メスは、「自分はメスだよ」ということを示すような構造を体のどこかに持っています。

たとえば魚だったら、ぼくらがちょっと見てもオスかメスかよくわからないけれど、メスの魚というのは体が大きくてお腹が卵でふくれて大きいです。お腹の色もちょっと違う。オスだったら「自分はオスだ！」ということでお腹が真っ赤だとか、真っ青だとか、きれいな色をしている。そういうのがオスの信号なんです。メスの方は、だいたい卵が白っぽかったり黄色っぽかったりしますから、お腹も白っぽかったり黄色っぽかったりする。黄色い太ったお腹がメスの信号です。それが魚では一般的なんです。

ところが人間の場合には、おっぱいがメスの信号になっている。しかもそれは性的信号ですから、オスはそれを目印にしてメスを探すわけです。だから人間の場合、男は、人間のメスの、女の性的信号であるおっぱいを見て、「あぁ、すてきな女だ」と思うわけです。そういうふうにできているわけですね。人間では、乳をやるための哺乳器官であると同時に、オスに対して「自分はメスですよ」ということを示す性的信号でもある。

ほかの動物は、たとえばウシなら、牝牛のおっぱいがすごく素敵な性的信号なので、オスのウシがメスのところにきて、一所懸命おっぱいを見たり、おっぱいを足で触ったりとかそんなことは絶対しません。オスから見たらメスのおっぱいなんか何の関心もない。赤ん坊がメスの乳房に関心があるだけです。

ところが人間では、大人の男がメスの乳房に関心があるわけです。こういう二重の働きをしている。こんな二重の働きをしている動物は、ほかにはない。なんでそんなふうになっちゃったのかという話ですね。

エジプト時代——子孫繁栄の願い

このことは、じつは最近始まった話ではないので、昔からいろんなことが言われています。絵の好きな人はたくさんいると思うけど、いろんな美術館に行って絵を見ると、きれいな女の人の裸のおっぱいの絵がいっぱいあるでしょう。そういう芸術品は昔からあるわけです。

今ここにたまたま持ってきたのは『芸術新潮』という雑誌です。これは特集号です。これは一九九八年だからずいぶん昔の特集なんですけど、タイトルが「おしゃべりな乳房たち」となっていて、いろんな乳房のことが出ています。

まず最初に、ここに今から約五千年前ぐらいのアナトリアというところの女神の、石で作った像の写真があります。五千年前ですからそうとう昔ですね。エジプト時代かもうちょっと前ぐらいの時です。この女神のおっぱいはこんなに大きいわけです。

人間という動物は昔から子どもを産むわけですけども、妊娠して十ヶ月で産まれますから、一年に一回産むわけね。まもなく次の子をまた産みますから、どんどん増えていくんだけども、人間なんて武器もなんにもない非常に弱い動物ですから、親はなかなか子どもを守りきれない。子どもは他のものにとって食われちゃう。だから産まれる片っ端から死んでいくといっていいくらいに子どもの死亡率が高い。それを埋め合わせて人間が生き残って増えていくためには、どんどん産んで育てなくちゃいけないわけです。

だから子どもを産むということは非常に大事なことだった。子どもは産めばいいだけではなくて、産んでから今度はおっぱいを飲ませて、育てなくちゃいけない。その育てる時間というのが結構二年から三年ぐらいかかります。ネズミなんていうのは二十日もするとすぐ大人になっちゃうん

図１《アナトリアの大地母神》
Museum of Anatolian Civilizations, Ankara
大村次郷撮影

だけど、人間は二十日じゃとうてい大人にならない。

君たちでも十八年はかかっているわけですね。十八年おっぱいを吸っているわけじゃないけど、その初めの二年から三年はたぶんお乳を飲んでいる。次の子どもが産まれたらば、またその子どもにお乳をやらなくちゃいけない。これは非常に大変なことです。そのためにはおっぱいは大きくて、たくさんお乳を出してくれる、こういうおっぱいが非常に尊重されたらしい。

この女神の像にはこんな大きなおっぱいがついている。これはどう考えても、おっぱいで子どもが育ってくれるようにという、そういう祈りをこめた像だと思います。ですから、おっぱいが哺乳器官である、つまり赤ん坊に乳を与える器官であるというのが大事だということで、非常に強調されている。そういう像です。

ローマ時代──美しいものとして

ところが、それから三千年ぐらい経つと、エジプトからギリシャ時代が終わって、ローマ時代に入っちゃいます。だいたい紀元前一五〇年から一二〇年、今から二千年ちょっと前ぐらいの時代です。

ローマ時代になると非常にきれいな女の人の像が出てきますが、赤ん坊はくっついていません。ということはどういうことかというと、その当時の人々はこの女性のおっぱいを美しいも

図2《カピトリーノのヴィーナス》
Musei Capitolini, Roma WPS提供

のだと思っていたんです。以前の時には美しいかどうかというより、とにかく赤ん坊に乳をやる器官、そういう大事な器官だと思って、おっぱいをああいうふうな像にしたんだけど、この時はどうもそうじゃないみたいです。

それで不思議なことには、今から二千年ちょっと前ぐらい、すでにこの頃の像はお腹の下の方を手で隠しています。最近はもちろんみんな隠しますけど、いま始まったことじゃないんです。もう何千年も前からこんなことをやっているわけです。おっぱいの方はたいして隠してるわけじゃない。これは美しいものだと思って見ているらしい。

キリスト教時代――子どもを育てる

それからまたしばらく経ちますと、キリスト教時代に入ります。キリスト教時代に入ると、これまた価値観がいろいろ変わってくるわけですね。

これはマリア様がキリストにおっぱいを飲ませている、そういう絵なんです。アンブロジオ・ロレンツェッティーという人が描いたテンペラ画だそうです。この辺からまた、キリスト

図３ アンブロージオ・ロレンツェッティ《授乳の聖母》
Palazzo Arcivescovile, Siena photo: Scala（『芸術新潮』1998年8月号、14頁）

教の影響が入って話がいろいろ複雑になります。

キリスト教というのは、みんなも知っているとおり、アジアの南の方の、ものすごい乾燥地でもって発達した宗教ですよね。もう砂漠に近いところです。食べ物もあんまりないし、いろんな動物もいないし、非常に荒れ果てたところだったわけです。人間がそこで生きていくのは非常に大変だった。子どもはもちろん産まれたけども、産んでも産んでもさっきの話のようにやっぱり死んでいく。そういう状況です。

そういうことがひとつと、キリスト教的な感覚ですと、人間は神と動物の間に位置する存在です。神様が人間をつくった時に、神に似せて人間をつくって、そして神様の息を吹き込んで人間にしたと、こういうふうになっている。

その人間の中には男もいるし女もいるわけです。子どもが産まれるためには男と女がセックスをしなきゃいけない。それはその当時からみんな知っていたわけです。ところが、人間というのは神様よりは偉くないけども普通の動物よりは偉い。その人間は動物とは違うんだ。というふうに思っていたにもかかわらず、その人間がセックスをして子どもを産むということになると、ほかの動物がやっていることとおんなじことをやっていることになっちゃって、これは具合が悪い。

そこで、これもみなさんが知っているとおり、マリア様というのは男とセックスをしないでキリストを産んだことになっています。これはマリア様の処女懐胎っていう。要するに神の子どもであって、人間の男の子どもじゃないんですね。

だけども哺乳類ですから、男なしに産まれたはずのキリストも、母親のマリアのおっぱいから乳を吸って育ったということになっています。これについてはいろんなお話がたくさんあるので、みんなも知っていると思う。マリア様のおっぱいは子どもを育てるためのおっぱいです。

ルネッサンス時代——女の象徴と授乳の分離

それからもう少し時代が下りますと、今度はそういうような認識が変わってきて、さっき言った、乳房は人間の女の性的な信号であるということが表に出てきます。これはもうずいぶん最近です。十七世紀ですからルネッサンス時代です。

ルネッサンス時代というのは、人間が重苦しいキリスト教のいろんな教えから自由になって、人間本来の姿に戻ろうではないかといった時代です。だから、女のおっぱいというのはきれいなもんなんだと、女も自分できれいと思っているし、男もそれをたまらなくきれいだと思っているんだ、それでいいじゃないかと。子どもを育てることは育てるけれど、きれいなんだということが非常に強調されたんです。

女の人の絵がここにありますけれど、このおっぱいは非常にきれいに描いてあります。非常に面白いことに、このおっぱいは子どもに乳を飲ましちゃいけないんだそうです。この女の人も子どもを産むんですが、その子どもにお乳を与える時には乳母を雇う。お母さん本人はきれいなおっぱいを持っているけれど、それで子どもに乳を与えるわけではない、というヘンな発想があったわけです。

この場合には、おっぱいというものが持っている、美しくて女の象徴であるという機能と、お乳を与えるための器官であるという本来の機能とを分けちゃってるんです。それでこういう絵ができた。

図4 作者不詳《湯浴みするガブリエル・デストレ》
Musée Condé, Chantilly photo: Giraudon
（『芸術新潮』1998年8月号、19頁）

十八世紀の絵になると、今度はその辺が入り混じってきて、おっぱいは美しくて、しかもそれは子どもに乳を与えるものになる。さっきのルネッサンス時代みたいに本来の母親が子どもに乳を与えないというのはヘンではないかと。やっぱり親本人が自分の子どもに自分の乳を与えて育てるべきだということが、さかんに言われるようになってきます。

それを一所懸命推進したのが、みんなも名前を知っていると思うけどルソーです。アンリ・ルソーという絵描きがいますが、あれとは別人で、有名な『エミール』（今野一雄訳、岩波文庫）という本を書いた社会啓蒙家のジャン・ジャック・ルソーがそういうことを一所懸命言ったんです。だからこの時代、十八世紀のころには、母乳を与えるのがファッション、自分の母乳で子どもを育てましょうということがファッションになったんです。

フランス革命の時代――複雑なおっぱい

最後に、今度はフランス革命になります。フランス革命になると、とんでもないところにおっぱいが出てくるわけです。

図５ ウジェーヌ・ドラクロワ《民衆を導く自由の女神》
Musée du Louvre, Paris photo: Hervé Lewandowski/RMN（『芸術新潮』1998年８月号、26頁）

これはドラクロアが描いた「自由の女神」という、有名な絵です。これがその自由の女神なんですね。これは見てわかるかな？ おっぱいをむき出しにしています。戦争中にこんな格好をすることはないはずなんだけど、この絵は胸を裸にした女が先頭に立ってワーッと攻めていくと、みんながダーッとついてきて、それで勝って、それでフランス革命が成就したんだと、こういうお話です。

ドラクロアの非常に有名な絵なんですが、おっぱいがそんなところにまで出現することになります。これはもう子どもにお乳を与えるとか男に好かれるとか、そんな話とはまた違う。そんなふうな絵です。

こんなふうに、同じ女性のおっぱいひとつでもこれだけいろんな絵ができて、しかも時代によって強調されている意味が違うんです。だけど、やはりおっぱいというものは子どもに哺乳をする器官であり、かつ男から見て美しい性的な信号であるという、二重のことをずっと持ってきているんです。

生物学的なおっぱいというのは器官でしかないんですけど、それに対して人間が感じている意味を、ある時代ではこっちの意味が大事だ、ある時はこっちが大事だとなりながら、実際には両方の意味を持っているというのが出てくる。それを芸術家がまたいろんな絵にしていくんですね。この時に、それが何を意味しているかということを解釈していくと、非常に面白いことがいっぱい出てくるんじゃないかと思います。

性的信号は何を伝えるか

結局、なんで人間の乳房というのは、そういうややこしいものになっちゃったんだろうかということですね。ほかの動物でこんな二重の意味を持っている動物はひとつもない。ほかの動物では、メスであるという性的信号というのは、動物によってみんな違います。たとえばお魚では、さっきちょっと言ったみたいに、黄色くて大きいお腹がメスの性的信号なんです。

動物というのはどんな動物でもそうですが、オスもメスもどっちも、できるだけたくさん自分の子どもを持ちたい、子孫を持ちたい。「自分の」というのが非常に大事なんです。「同類の」という意味じゃないです。自分の血のつながった子ども、自分の血のつながった孫っていうのが、その人にとってはとっても大事で可愛いものらしいですね。

ぼくは孫っていうのがまだいないから、どんなものかよくわからないけれども、とにかく孫のいる人に聞いてみますと、お孫さんというのはとっても可愛いもんだそうです。

で、その時に面白い話があってね、内孫、外孫っていう言葉は知ってる？　この頃あんまりそういうことを言わなくなったかもしれないけれども、内孫っていうのは、息子が嫁さんをもらって産まれた子どもです。外孫っていうのは、娘がお嫁に行って、誰かほかの人と結婚して産んだ子ども。で、外孫と内孫とどっちが可愛いかと聞くとね、たいていはね、外孫の方が可愛いって言うんですよ。

内孫っていうのは、自分たちの息子が嫁さんをもらって産まれた子どもでしょ？　だから当然、息子とその嫁はんの間の子どもに違いないんだけれども、ひょっとすると、この嫁はんがほかの男との間につくった子どもかもしれない。だからその孫は、本当に息子の子どもかどうかわかんない、そういうことになっちゃうでしょ。

ところが外孫は、自分の娘が産んだ子どもであることが間違いない。そうすると、親から見ると自分の娘が産んだ本当の子なんですよ。だからこれは可愛い。

そう言われてみると理屈としてはそうなるなぁという気はする。動物たちも実はそういうことがあって、自分の血のつながった子どもを欲しがっている。そうすると、いま言ったみたいに、魚なんかの場合ですと、お腹が卵で大きい、「私はアンタの子を産んであげますよ、たくさん産んであげますよ」と言ってるメスを選ぶ。そういうことになります。お魚の場合は、それがメスの性的信号です。

たとえばチョウチョなんかでは、羽の色と模様が「自分がメスです」ということの信号になります。オスはある特定の羽の色をしたやつを見つけて、そばへやってきて、なんとかして気に入られて、そのメスとペアになって、子どもを産ませる。ガの場合には、メスであるというある種のにおいが信号です。フェロモンという言葉は知っているよね？　このにおいは、ぼくらにはわかりません。嗅いでもわかりません。同じ種類のガのオスが嗅ぐとわかるんです。それが、ガのメスの性的信号です。

で、カブトムシなんかだとね、オスには立派なツノがあるんですが、メスはツノがありません。でもメスは体のにおいがあって、そのにおいが非常に独特なにおいらしい。ぼくらにはこれもよくわかりませんけど、そのにおいがするとオスはもう夢中になって近寄ってきます。そして、一所懸命そのメスと交尾しようとします。そういう特別なメスの信号というのがあるんです。自分がどういう種類の動物のメスであります、ってことを知らせるわけです。

オスの方はとにかくメスのところに行って、一所懸命求愛するわけです。その時にメスの方は、そのオスがいいオスかどうかというのを、厳重に調べてます。いいオスというのは、いわゆる丈夫なオス。オスは、自分が丈夫なオスであるということをメスに見せるために、いろんなことをします。

たとえばカエルだったらば「ガガガガ」と鳴くんですよ。昔はね、カエルのコーラスといって、春になったんでカエルたちがコーラスを楽しんでます、というふうに本には書いてありました。ところがそんな呑気なことをやってるんじゃないんです。オスたちが一所懸命鳴いて、メスは田んぼの畦道で聞いているんですよ。

カエルって五〜六年生きます。で、五〜六年生きてるカエルっていうのは、やっぱり体が丈夫だし、しかもいろいろ危険な目にあった時にもなんとかうまく生き延びてきたんだから、多少は頭もいいわけだ。そういうオスとの間に子どもを産んでおけば、自分の子孫は増えるだろうと、メスは思っている。

そうやってオスが一所懸命「ガアガア」鳴いているのを、メスはじーっと聞いてます。ぼくらにはコーラスをしているように聞こえるけれど、あれはコーラスではないんで、オスにしてみれば大変な競争をしているわけです。

おっぱいはお尻?

オスとメスが自分の子孫を残す相手を選ぼうとする時、哺乳類では、だいたいは体の形とか大きさとか、においとかがメスの信号になります。

それがサルとか類人猿だと、メスである信号はお尻なんですね。昔からよく「おサルのお尻は真っ赤っか」っていうけど、あの「真っ赤っか」なのはメスのお尻なんです。オスよりメスの方が、お尻が赤い。とくに繁殖期になるともっと真っ赤になります。真っ赤になったメスの方が丈夫なメスなんですね。オスはやっぱり丈夫なメスとの間に子どもが欲しいから、真っ赤っかなお尻のメスを探します。これはニホンザルもそうだし、チンパンジーとかゴリラとかそういうのでも、よく似たようなもんです。

人間も、もともとは類人猿ですから、お尻というのはやっぱりメスの性的信号です。お尻の格好というのは男と女で違いますから、やっぱり女のお尻は性的信号なんですね。

ところがそこで、人間は非常にヘンなことになっちゃったわけです。サルの連中はいつも四つん這いで歩いていて、前の奴のお尻を見るんですよ。ところが人間はすっくと立っている。人と人が出会った時には、向こうもこっちもまっすぐ立って向き合うわけなんです。お尻を見ているということはないんです。そうなると、非常に困ったことが起こってくるんです。

もうひとつ、おっぱいというものが哺乳のための器官であるということですね。そういう意味からいった時に、人間のおっぱいは子どもが吸いやすいかというと、そういうもんじゃないですね。乳首の長さは非常に短いですから、赤ん坊は、飲むとき口を前に押しつけます。そうするとその後ろに柔らかくてまあるいおっぱいがボーンとあるから、鼻がくっついて息が吸えなくなっちゃうんですよ。それで赤ん坊は慌てて息を吸うわけです。それじゃ乳は飲めないから、またくっつけて吸おうとする。要するに乳を飲むのと空気を得るのに、赤ん坊は戦っているわけなんですよ。これは非常に大変なんです。

で、もうひとつは、それが今度は男に対する性的信号、「女であるぞ」という性的信号になってるわけです。性的信号として機能する時期というのは、赤ん坊が産まれるよりももっと前の、男が女を口説こうという時でしょ。その時にいいおっぱいをしたきれいな女、いい女を男は選ぶわけでしょ。それで一所懸命口説いて、やっとその二人がペアになって、それからするべきことをして、それから十ヶ月すると赤ちゃんが産まれるわけですよ。その時にやっとおっぱいが本来の機能を果たすわけ。

そういうヘンな器官ってのは、あんまりないんですね。ほかの動物にはまったくない。だけど人間はそうなっちゃってるんです。どうしてなんだろう、ということをいろんな人が考えました。

これは、こないだも言ったデズモンド・モリスっていう人が考えていることなんですが、お尻にかわる性的信号を前向きに出したい、ということになったんじゃないだろうかと。その時にあんまりお尻と違ったものを前に持ってきてもそれが何かわかんないから、なるべくお尻に似たようなもので、体の正面についているもの。それは、おっぱいなんですよ。

というわけで、人間のおっぱいというもの自身が、人間独特のもんです。だからそういう意味では、なんか実にヘンなことがいっぱい絡まってますけども、動物学的にいうと、とにかくまっすぐ立っちゃった、それからもうやっぱり毛がなくなったということは大事でしょうね。たとえばおっぱいをよくしたとしても、フサフサと毛が生えていたら見えないでしょ。裸で毛がないからきれいに見えるわけですよ。だからやっぱり立ったということと、毛がなくなったということと、お尻のかわりを前につけなきゃというのと全部が組になって、今の人間のおっぱいというものができてきたものらしいです。

えーと、もう時間か。今まで人間の体の話を三つしましたけども、人間はこれ以外にヘンなこと、たとえば「言語」なんてものを持っているんですね。そういうことから言っても、またほかの動物にはまったくないことをやっています。これからはそういうお話をしていこうと思ってます。

じゃあ、今日はここまでにしましょう。はい、どうもご苦労さまでした。

第4講◈言語なくして人間はありえない？

おはようございます。今まで三回お話をしたんでしたね。おもに人間の体の話で、立っている動物ってのはあまりいないんだということと、それから、哺乳類は毛があるケモノなのに人間には事実上、体に毛がない。なんで毛がなくなったかっていう話。それから、哺乳類だから赤ん坊にお乳を与えるんですが、その哺乳器官は非常にきれいで、ほかの動物にはまったくないような構造をしていて、しかも、ほんとに子どもにおっぱいを与えるためにはあんまり便利じゃない。そういうことになってるのは、なぜなんだという話でした。

いわゆるすべての点において、人間という動物はすごく変わっているという、まあそういう話をしました。

人間の顕著な特徴――言語

人間というのは体の構造もそうなんだけど、ほかの動物にはまったくない特徴を持ってます。だから偉いっていうわけじゃないんだけど、すごく変わったことをやっている。それは言語です。言語ってのは要するに言葉です。人間に言語がなければ文学もできない。歴史も書けない。議論もできない。なんにもできないわけ。その言語というのはいったい何かということを話そうと思うんです。

ぼくが今しゃべってるのも、これは言語を使ってしゃべってるわけですね。ぼくは日本人で、みなさんもだいたいは日本人だから、日本語でしゃべってる。それで通じるはずです。しかし、アメリカの大学では先生は英語でしゃべるし、学生も英語で講義を聞く。ところがぼくたちは、今までここで話していたことを英語でワーッてやられたら、絶対わからない。それでも同じ人間の言語なんですね。いったい言語というのは、どういうものなんでしょう。

非常に有名な言語学者で、アメリカにチョムスキーって人がいます。聞いたことあります？　あんまりまだ聞いたことない？　それではソシュールは？　これはスイスの人なんですが、ソシュールって人がいる。これも非常に有名な人なんですが、これもどこかで聞いたことありますか？　高校で聞いてる人もいるかもしらんね。では、こういう人々が言語というものについての新しい説を出してるんで、今日はそれについての話をしたいと思う。

人間は言葉をどうやってつくっているか

チョムスキーという人は、もともとは数学をやった人だそうです。それが、言語というものが非常に面白いと気がついていろいろやったんだけども、もともとは数学者ですから、普通の人が彼の論文を読んでもよくわからないんです。

けれど、アーサー・ケストラーという人がいます。もう亡くなっているので「いました」かな？『真昼の暗黒』（中島賢二訳、岩波文庫）などを書いてる小説家ですが、この人が、チョムスキーの学説をわかりやすい話に言い換えてくれてるんです。で、その話から入ろうと思うんだけど。

ある英語圏の、どこか田舎の農家に四歳ぐらいの男の子がいたと仮定してください、とこのケストラーは言うんですね。で、その男の子が窓から外をボーッと見てたの。そしたら郵便屋さんが手紙の配達に来た。その男の子はイヌを一匹飼っていて、すごく可愛がってたんだけど、そのイヌが郵便屋さんに向かってワンワンと吠えて噛みつこうとした。それで郵便屋さんは怒ってイヌを蹴飛ばすわけ。男の子は自分の可愛がってるイヌが蹴られたもんだから、びっくりしてお母さんとこへ飛んで行ってそれを報告します。なんて言ったか。英語圏の国ですから、当然、英語でお母さんに言うわけね。

"The postman kicked the dog" とこう言った。これ、英語のわかんない人が聞いたら、何のこと言ってるかわからんでしょう。でも、お母さんはもちろん英語ができる人ですから、それを聞いて「まあ、大変」と言って庭に飛んで来るわけだ。まったく、なんでもない話です。

ところがよく考えてみると、ここには非常に不思議なことがたくさんあります。まず、この子どもはお母さんに向かって "The postman kicked the dog" と言ったわけですよ。英語を知らない人が聞いたら、これはただの音の連続です。ところが英語のわかるお母さんが聞くと、それはこういう意味だってことがパッとわかるわけ。で、「まあ、大変」と言って飛んで来る。ね？ なぜわかるのかっていうことが、まず第一の不思議。

それから、この文章の中には単語が一つ二つ三つ四つ、五つ入ってます。この五つの単語を並べ直してやると、並び方は九十何通りかあるそうですね。ところが、この順番をまちがえて、"kicked" "postman" "dog" "the" "the" って言ったら、なんのことやらさっぱりわからん。でしょ？ で、"dog" と "postman" を入れ違えたら、意味がまったく反対になっちゃう。「イヌが郵便屋さんを蹴った」になっちゃうでしょ。それはヘンですね。ところが、この男の子はまちがえずにスラッとこれを言った。なぜ言えたのかって、それもまた不思議な話です。

その説明として、かつての言語学の議論では、人間は言語というものを、生まれた時から親やまわりの人から聞いて覚える。同時に親が教えます。言語というのはそういうものであると、ぼくらは講義でずっとそう聞いてきました。

ところが、そうじゃないんですね。この子どもは、自分のイヌが郵便屋さんに蹴飛ばされるなんていう事態には、生まれて初めて出会った。今まで「郵便屋さんがイヌを蹴った時にはこう言うんだよ」なんてことは一度も教わったことがない。ところが、そういう事態になった時「大変だァ」というんで、この文章がパッと出た。なぜそういうことができるんだろう、ということです。

それから、この中で使われてる言葉として“postman”という言葉と“kick”という言葉があるんですが、これね、“postman”という単語は何なのか。日本語で言ったら「郵便屋さん」ですね。ま、“man”だから男ですね。昔は郵便局から来る郵便配達の人っていうのは、みんな男でしたから、英語でも“postman”という言葉があったわけだ。

じゃあ、その“postman”ってのは何かとまじめに考えてみると、なかなか大変です。郵便を配達する人は誰でもポストマンか？　たとえば君が手紙を誰かに預かって誰かに渡した。じゃ、君はポストマンか？　そうじゃないでしょ。ポストマンっていうのは辞書をみると郵便配達（夫）と出ています。昔は郵便は郵便局だけが配達していたけど、この頃は宅配便なんてのができちゃったからね。宅配便屋さんが配達するのを「宅配便」という。宅配便を配達してくれる人は郵便屋さんじゃないんですね。宅配便屋さんです。これは英語でもたぶん違う言葉があるんだろう。とにかくポストマンとはいわない。

だから、あえてちゃんといえば「郵便局に勤めていて郵便配達を職業として給料をもらっている人」というのが、たぶんポストマンっていう単語の意味です。われわれは何気なく使ってますが、ほんとはそういう難しい、ある意味で抽象語です。

それから、ポストマンっていうのは郵便配達をして給料もらっている人なんだけども、どんな格好をしてるかってことは規定がない。背が高い低いや、格好のいい人とか悪い人とか、大変おしゃれだとかどうかとか、いつも青い服を着てるとか黒いのを着てるとか、そんな規定はなんにもない。とにかく郵便配達して給料もらってる人がポストマンなんですね。

そのポストマンは何をしてるかっていうと、まあ昔は手紙を大きなカバンに入れてね、えっさえっさ歩いて家の郵便受けに入れてました。それから自転車になり、バイクになり、もう今は車になって配達しますね。どれも全部ポストマンです。車や自転車に乗っていようが、歩いていようが、ぜんぜん関係ない。

その人が仕事を終わって、昼飯を食ってる。郵便配達は実際にやってないですよ。だけどその人は「ああ、あの人はポストマンだ」といわれる。だからどんな格好をしてるとか、何をしてるとかいうことは、いっさい関係がない。そのポストマンって言葉は「郵便配達」という抽象的な意味でしかない。それがこの言葉です。

その次が「蹴ったよぉ」っていう"kicked"という言葉ですね。この単語は日本語でいうと「蹴る」ですね。蹴るといってもいろんな蹴り方があるわけだから、"kick"って言葉も、ちゃんと何だって聞かれたら、また難しいんですね。英和辞典で"kick"を引いてみたらば、あるいは日本語の辞書で「蹴る」を引いたら、きっと「足をもって他物に打撃を与えること」とかなんとか書いてあると思うんですね。で、その他物に打撃を与えるということを手でやったら「ぶつ」とか「なぐる」ということになっちゃって、「蹴る」じゃない。

そして蹴るという時には、誰が、どの向きに、何を蹴るかとか、そんなことは関係ない。鳥なんかも「蹴り」ますね。鳥は飛びながら上から降りてきた時に地面を蹴るわけね。ぜんぜん違う蹴り方をするけど、しかし、足でもってとにかく何か他物に打撃を与えれば、それは「蹴る」、"kick"なんです。だから、"kick"って言葉は、とにかく足をもって他物に打撃を与えること、というような抽象的意味を持った言葉。つまりこれもまったくの抽象語です。そのことを子どもがなぜ知っているのか？　これもまた不思議なんですね。

とにかく、この子どもは郵便屋さんがイヌを蹴ってるところを見て、びっくりしたわけです。じゃあ、この時に子どもは何を見たのか？「郵便屋さんがイヌを蹴るところ」を見たんです。"postman"が"kick"するところを見た。ところが、さっき言ったとおり"postman"という言葉は「郵便配達」という意味しかない。“kick”というのは「足をもって他物に打撃を与えること」という意味しかない。しかし、子どもが見たのは「蹴っている郵便屋」です。そうですね。「蹴っている郵便屋」ってのはひとつの実体ですね。郵便屋が蹴っている。そのひとつの実体を見た時に、子どもはそれを「郵便屋」「蹴る」という二つの単語にスパッと分けちゃった。それが非常に不思議なんです。

たとえば、君たちは「あなたは何ですか」って聞かれたら、「私は学生です」って言う。その時に「私」と「学生」が別々にいるわけじゃないよね。本人が「私」でありかつ「学生」なんですね。それは英語でいえば“I'm a schoolgirl”とか“I'm a student”という言葉ができます。しかし実体は一人です。でも言葉は“I”と“sutudent”の二つなんです。

蹴っている郵便屋という実体を見た時に、子どもはそれを二つにぱっと分けて“postman”と“kicked”にしちゃった。これはみんなが昔から教わっている主語と述語ということですね。英語でも「主語は単数なのに述語は複数じゃないか」とかって怒られたでしょ、必ず。ひとつの実体を主語と述語という二つのものに分けちゃう。

チョムスキーという人は、今まで言語学者がまったく気づいていなかったこと、つまり人間の言語は、ひとつの主体を主語と述語という二つのものに分けるということを指摘したんですね。

昔から人間の言語については言語起源論とか、いろいろな議論がありました。いわゆる言語学者がそういう議論を、もう二百年、三百年も、いやもっと前、ギリシャ時代からえんえんとやっています。

しかしこのチョムスキーという人は、この主語と述語に分けるということが、人間の言語のいちばんの特徴であるということに気づいた。

チョムスキーの生成文法

人間の言語には文法っていうものがありますね。「文法的にまちがってる」とか「文章としてはいいけど、文法がヘンだ」とか、あるいは「英語の文法ではそれでいいけども、日本語の文法ではそれはだめだよ」とか、みなさんよく怒られるあれです。あの文法ってのは、本来はいったい何なんだと、この人は一所懸命考えた。

文法ってのはだいたい決まってます。"The postman kicked the dog" という文章を、日本語で言ったら「郵便屋さんがイヌを蹴ったよ」。英語では「郵便屋さんが蹴ったよ、イヌを」と言ってますね。ちょっと言葉の順番は違うけど、言ってる中味は一緒です。英語の文法だと、主語、動詞、ともうひとつ、相手がきますね。

ある動作をしている「ひとつの主体」を主語、動詞という順番に分けている。"postman"

“kicked”と。じゃ何を蹴ったかということで、そこに“dog”をつけるわけです。この子どもがもしも「ぼくのイヌを蹴ったよ」って言おうと思ったら、この“dog”に“the”じゃなくて“my”とする。で、そのイヌがもしも赤かったら“red”とか、大きかったら“big”とかいう言葉をつけます。ひとつの主体が何かをする。それはまず二つに分かれる。それがどういうものをというのが次にくる。そのどういうものに形容詞がまたつきます。で、順番にいうと、二つにまず分けられてから、だんだんにくっついてながーい文章になっていくわけですね。それから「なぜ蹴ったか」と、“because”が次にくると、もっとながーい文章になる。そういうふうにずっといくわけです。

そんなふうにして、文章というものはだんだんにできていくんです。その時どういう決まりで文章をつくりあげていくかが「文法」です。チョムスキーは文法というものの本質はつくりあげられていくものであるとして、生成文法と呼んでいます。この生成文法というのが、チョムスキーのいちばん大事なポイントなんです。

言語は生得的に取得する

じゃあ、そうすると問題はですね、この生成文法とか、あるいはさっきの主語と述語に分けるとかっていうことを、いったい人間はどうして覚えるのかっていうことです。

昔の言語学では、そういうことはみんな親から教わると考えられていた。ですが、さっきの子どもはたった四つです。「言葉や文法というのは、こういうものなんですよ」ということを誰が教えたか。お母さんはそんなの知らないですからね。お父さんも知りませんから。

つまり、五十年ぐらい前にチョムスキーの生成文法理論が出たんですから、五十年よりももっと前には、こんな言葉も概念もなかった。だから、その頃の大人が、子どもに言葉ってのはそういうものであるということを教えることは、もちろんできるはずがなかったんです。ところが、人間の子どもたちは何千年も前からちゃんと言語をしゃべってます。子どもの頃からね。それ、非常に不思議じゃないの、ということです。

チョムスキーは、生成文法能力は人間という動物に生まれながらにして備わったものだ、ということを言いました。生まれながらに備わったものというのは遺伝的に備わったものですので、生物学ではこれを「生得的」といいます。生得的というのは、その動物に生まれながらに備わった性質なんですね。

たとえば、ネコはお腹が空いたら「ニャア」って鳴く。あれは、別に親ネコが子どもにね、「おまえはお腹が空いたらニャアって言うんだよ」って教えてるわけじゃないんです。ある程度成長して喉が動くようになったら、腹がへったら自然に「ニャアー」って鳴いちゃう。そしてイヌだったら絶対に「ニャア」とは言わないで、「ワン」とかなんとか言う。ウシだったら「モー」って言う。ウシが「ニャア」ってことはないですね。でしょ？　だから、生まれながらにして、ネコは「ニャア」とかいうのをちゃんともう知ってるわけです。そういう性質のものを生得的というんです。

言語は人間にとって生得的な能力だといいましたが、この生得的というのはまさに生物学の概念です。ですから、この話はまったく生物学の話であって、言語の話であると同時に生物学の話なんです。

今、チョムスキーの話はもうどんどん難しくなっていってます。これが初めて日本に入ってきたのは、ぼくが大学生の頃だったかなあ。日本の言語学者たちがもうさかんに議論してて、「チョムスキーは正しいか」「いや、まちがってる」とか、「だいたい日本語にチョムスキーの理論を当てはめることができるか」とか、そういう議論をえんえんと聞かされました。でも、基本的に言語っていうのは人間に生得的に備わった性質なんだと、それは他の動物の言語とは違うということが、ぼくにはわかりました。

君たちはこれからたぶん、いろいろと言語についての話とか文学についての話をいっぱい聞くと思うんだけど、ぼくは基本的にはこういう認識は持っていた方がいいと思っています。ちょっと話がだんだん難しくなってきたんで、質問があったら、何でも言ってください。

学生　人間に生得的だというのは、どこまでがそうなんでしょうか。「あ」とか「う」とか音をだすというところまでか、日本語を覚えたりするというところまでとか。

そのへんの話もまたいずれしますけど、人間は音声言語という言葉を使いますね。チンパンジーというのはかなり人間に近い言語を持っていて、お互いにコミュニケーションできます。たとえば、敵が来たらある種の声を出しています。みんなそれを聞いて「あっ、敵が来たな」ということがわかる。コミュニケーションですね。

ところが声を使わずに連絡するものもいるんですね。たとえばホタルなんかの場合には、音なんか出さないで光を出すということを生得的に使っている。その光り方はまた種類によって違う、オスとメスとで違う、というように決まってます。それは習い覚えたことではなくて、生まれながらにして知っている生得的なことなんだ。

人間の言語というのは、こんな言葉を聞いたことがあると思うけど、分節性がある。分節性というのは、音がひとつずつ切れてるということです。たとえば「チョ・ム・ス・キ」という具合。ところがネコは「ニャアーーーー」という時は、どこまでが「ニャ」でどこからが「アー」であるかなんてわからないでしょ。あれは、ニャアーなんですよね。日本人が聞くとイヌは「ワンワン」と吠えるように聞こえる。しかしアメリカ人が聞くとイヌは「バーウバーウ」といってるんですよ。だけど、そんなことになると分節性はわけわからなくなっちゃう。

人間の場合には、たとえば「う・ま・れ」という言葉に「る」という言葉をつけると子どもが「生まれる」ですね。「ない」という言葉をつけると「生まれない」、何も結果が出てこない、ということになりますね。そういうように言語はできている。チンパンジーやゴリラのような人間に近い動物が、そういう言葉を使っているかというと、彼らはそこまではしていない。

もうひとつ、ついでに言っておくと、人間の言語というのはね、「メタ言語性」というものを持っている。これは人間の言語のものすごい大きな特徴なんですね。

どういうことかというと、人間は「言語」を使って「言語とは何か」という話ができる。ところが、ネコとかイヌとかチンパンジーというのは、「ニャアニャア」という言葉を使って、言語の「ニャアニャア」を説明することは絶対できない。オオカミだってすごく長い遠吠えするでしょ、「アーーー」とか言ってね。でも、「アーーー」と言って「遠吠えとは何か」ということは絶対説明できない。

ところが人間は、言語によって言語とは何だっていう議論ができる。こういうことを私どもはメタ言語性という。人間の言語はそういうのを持ってる。これは言語だけの問題ではなくて頭の問題で、そういうことも関わってくるということが、もとにある。

ここの大学では「コミュニケーション論」とかいう講義はあるんでしょうか。あります？

学生　あります。

人間の言語がどうしてできたかっていうことは、さっきも言ったけど、なにかコミュニケーションが必要になった時に言語が必要だった、そこで言語をつくった、ということになっているんですが、それはほんまかいな、という話がもう十年以上前に出てきました。

それはどういう議論かというと、今から二十年ぐらい前には人間の言語というのは、コミュニケーションのためのものだと、ほとんどの人がそう思っていた。ところがある生物学者が「人間の言語というのは、コミュニケーションのためなんだろうか?」っていうことを言い出したんです。あれはコミュニケーションではなくて、マニピュレーション――「操作」ではないかと。

たとえば、クジャクのオスがメスの前に行って、羽をバーッと広げて見せます。「オレはきれいだろう」といって見せる。あれはコミュニケーションだ、つまり「オレはきれいだぞ」と、そういう情報を伝達してるのだ、という説明がされていました。

だけど、ほんとうにそのオスが考えていること、思っていることは、情報を伝達しようということではなくて、「とにかくオレとつがえ」と言っているんじゃないか。「来いっ!」って言ってるんですよ。「オレはきれいだぞ」なんて言ってるんじゃなくて、「来いっ!」って言ってる。

「来い」っていうことは、情報伝達ではなくて操作なんです。いろんなポスターとか雑誌がありますね。要するにあれが言っていることは、たとえば「九州へいらっしゃい」とか、そういうことを言ってるだけなんです。「九州へいらっしゃい」「どうぞ温泉へいらっしゃい」そういうことを言ってる。その目的のために「安いですよ」とか「ごちそうが出ますよ」とか言ってるだけの話で、目的は伝達ではなくて操作なんだ。

ソシュール言語学

はじめにソシュールという人の名前をあげました。チョムスキーはユダヤ系アメリカ人ですけども、ソシュールはフランス系のスイス人です。お父さんは、博物学者で生物学者だった。子どものソシュールはなんだか知らんが言語が非常に面白くなって言語学をやったんです。それで言語論というかな、言語とはなんぞやということを一所懸命考えて、理論を出しました。それが、チョムスキー以前には第一番の言語論だったんです。岩波書店からもとてもたくさん『ソシュール言語学』というような本が出ていますし、これは言語のことをやる人は一度は目を通さなくてはいけない、大事な本ということになっているんですね。「ソシュール言語学を知らずして言語を語るな」と、これはさかんに言われました。

で、ぼくも本はだいぶ読みましたけど、なかなか難しくてわからなかった。しかしその中で、いろいろ面白いことがありました。

言語には本なら「本」という単語があります。本というのは言葉で、かつ名前ですね。実物と名前とどっちが先にできたか。昔は、実物が先にあって、それに名前がつくんだとみんな思ってました。ソシュール以前は。ところがソシュールは、そうではないと言ったんです。

最初に「本という概念」がわれわれにはあって、その概念にあてはめて、こういうものを本と呼ぶんだと言いました。それで言語と現物とその名前というものの関係を言ったんですよ。そろそろ時間になっちゃうかな。今日の話の中心だったチョムスキーの名前はこういうスペリングです。ノーム・チョムスキー、Noam Chomsky。ソシュールは、フェルディナン・ドゥ・ソシュール、Ferdinand de Saussure。この人はスイス人で使っている言葉はフランス語です。チョムスキーとソシュールという名前は、非常に有名な人ですから、覚えていてもそんなに損にはならないでしょう。

では今日はこれくらいにしておきましょうか。
この次は言語の話の続きをいろいろくわしくしたいと思います。どうもご苦労さまでした。

第5講◈ウグイスは「カー」と鳴くか？

——遺伝プログラムと学習

　この前の時に、人間の言語っていうものはどんなものかっていう、わりと堅い話をしました。人は見たものを主語と述語に分けちゃう、これが人間の言語の特徴だという話をしたわけです。それがこないだ言った、いわゆる「生得的」であるということです。

　問題は、「遺伝的に決まっている」「生得的に決まっている」ものが、どうやって実際になっていくかということです。今日はそのへんの話をちょっとくわしくしたいな、と思っているんです。

ある会話

人間ってのはね、非常にいろんな会話をしますね。アメリカ人の言語の先生が、教科書の中で書いている一例をあげてみますね。

A　What's the time?

B　Twelve o'clock.

A　Thank you.

B　Never mind.

A　How about lunch?

B　Fine.

まず、彼がある人に時間を聞きたかったわけ。"What's the time?"。そうすると、聞かれた女の子は"Twelve o'clock"と答える。そしたら、彼は"Thank you"「どうもありがとう」と。すると彼女が「どういたしまして」"Never mind"って言うわけ。そうすると彼は"How about lunch?"「昼飯一緒に食べませんか?」とこういうふうに言う。すると彼女が"Fine"「まぁ、素敵」と言う。

ま、仮に大学の中で男の子と女の子がこういう会話をしていたとする。その時に、主語が述語が、とかいうことは、この人たちはあまり考えてません。実際には考えてるけども、表向きは考えてません。

彼がなんだか知らんけども時間を知りたいと思った。それで、時間を知りたいと思った時は“What's the time?”っていう音を出すというふうに、子どもの頃から教わってるわけですよ。これは条件反射みたいなもんです。それを“Time for, now”とか言ってもわかんないので、しっかり“What's the time?”って言わなきゃいけないってふうに教わっている。それが学習だというふうに、このアメリカの言語学の先生はおっしゃる。

その時に、誰もいないのにいきなり時間を聞けませんから、誰かに向かって言うわけです。たまたま彼が時間を聞きたいなあと思ったら、女の子がいた。で、女の子がいたっていうことが刺激になって、その刺激に対して男の子は反応する。今度は女の子が“What's the time?”って声を聞いたらば、自分の時計を見て、それを読む。で、読み方も教わってます、昔から。だからそれに従って“Twelve o'clock”って答えた。こういうふうに全部教わったことを言ってる。

そうすると今度、男の子は、自分が何かを人に聞いて答えが得られた時には「ありがとう」“Thank you”と言えというふうに学習してますね。だから“Thank you”と、こう言います。ところが、その言葉を聞いた女の子は“Thank you”って言われたら「どういたしまして」と言うのが良家の子女である、とこういうふうに教わっているわけですよ。そこで“Never mind”とこう言う。そうやって、この会話が出てきた。

で、ここまでは、まあいいんです。問題はその次。「どういたしまして」と言われた次に、この男の子はその女の子が素敵なので、一緒に昼飯を食いたいと思ったわけ。それで「お昼一緒に食べませんか」って聞くわけだ。

これはなんですか？　これをさっきみたいに説明したら、相手の人が“Never mind”「どういたしまして」って言ったら、必ず「お昼一緒に食べませんか」って言わなきゃいけない、というようになっちゃうわけです。

ところが、そんなわけないでしょう。そこは非常に話が複雑なわけで、かっこよくて一緒にご飯食べたいなと思うような女の子であれば、こういうふうに「一緒に食べませんか」って聞くわけです。しかし、なんかあんまりかっこよくない、時間を聞くにはいいけど、昼を一緒に食いに行くほどでもないっていう時は、「どういたしまして」って言われれば、そこで終わりにしちゃうわけです。

あるいは“Thank you”と言ったら、その女の子がさっと走って行っちゃったとしたら、「お昼、一緒に食べませんか」とは言わないでしょ。また、その時に男の子がほかの人とすでに約束してたかどうか、ということもありますね。それから、はっと「俺、金持ってただろうな」と考えたり。そういうことも考える。

いろんなことを考えて、この"Never mind"の次の"How about lunch?"が出てくるわけです。これは、さっきまで言ってたような簡単な学習ではない。

女の子の方にしてもですね、"How about lunch?"「昼一緒に食べませんか」って言われた時に、なんでもかんでも"Fine!"「素敵っ！」とは言わないでしょうね。その男の子がモサーッとしてる奴だったりすると、こんな奴とめし食うのいやだと思って、まあなんか適当に言って逃げたでしょう。そうすると、これだけちょっとした会話でも、じつにいろんなことがたくさん入っているんだということになります。

アメリカの言語学

ところがね、もう今から何十年も前の、アメリカの言語学の考え方では、人間の会話っていうのは、今みたいに、あることを言いたい時にはどういうふうに音を出すかを教わって、それを覚え、覚えた音を出す。相手はそういう音を聞いたらば、幼い時から何度も教わった答えを言う。順番にそれをポンポンポンポンと出してくるんだと。あたかも自動販売機があって、そこにコインを入れると下から出てくる。その程度の簡単なものだというふうに、会話のことを考えていたらしいんです、どうやら。

で、条件付けっていう言葉が、今はあんまり使われませんけれども、昔はものすごくよく流行ったんですね。

たとえば、イヌに音を聞かせる。なんかリンリンリンと音を聞かせると、そのイヌはその時はなんにもわかんないんだけども、音を聞かせてちょっとあとに必ず肉をやる。そういうことを繰り返していると、その音と肉というものがくっついて学習されて、音が聞こえたらば次に肉が出るだろうと思って、音を聞いただけでダラダラッとよだれを垂らすようになります。イヌがね。

人間の会話ってものもそういうもんで、こういう時はどう言うんだよってことを覚えていて、ある音を聞いたら自分はどう出して、というふうな具合になってる。これが会話というもんだというふうに理解をしていたわけです。アメリカでは学習するのがたいへん好きなものですから、昔の言語学では、すべて言語は学習によるんだ、ということになっていました。

確かにぼくらは学習をしてないとは言えないんですね。やっぱり学習はしてるはずです。日本語はあきらかに学習して覚えてるんで、まあみなさんは英語もできる人がたくさんいると思うけども、日本に生まれて日本人の中でずーっと育った人だったらば、まあ英語はそうべらべらできるはずはない。日本語は子どもの頃からずーっと学習してるからできる。学習はしてるんです。

そこで、じゃあいったい学習とはなんだ、ということが問題になりました。これもあんまり君たちは聞いたことないかも知れんけども、「学習と遺伝というものは、完全に対立したものである」というんです。さっき言ったとおり、人間が見たものを主語と述語に分けちゃうというのは、これは遺伝なんですね。生得的に、遺伝的に、それぞれの人間はそうなってる。ところが、文章をどうつくるかっていうことを学習しなきゃならんとなると、学習と遺伝の関係がどんなものなのかを、ちゃんと知らないといけないわけです。

遺伝か学習か

そこで、いろんな動物の学習のことが、研究され始めました。

たとえば、人間は赤ん坊の時には、いわゆる四つ足っていうか、ハイハイしながら歩くでしょ？　しかし階段は昇れないんです。では、どうしたら階段を昇れるようになるのか。遺伝的に何歳かになったら、必ず階段を昇れるようになるのか、それとも「階段を昇る」というふうな学習をしないと昇れないのか、ということを研究した人がいました。

で、その人はね、やっぱり実験的にやらなくちゃいけないので、非常にまじめにやります。一卵性双生児ってのは遺伝的におんなじだ、ね。その二人を連れてきて、二つのグループに分ける。で、ひとつのグループの子どもの方はね、かわいそうに平たい床の上で、「飼う」。本とか台とかいろんな物がひとつもなく、昇るという練習が絶対できないようにして育てる。そしてもう片っぽうのグループは、本とか台とかいろんな物があって、それに昇ることができる。つまり学習ができるようにしておく。

で、一年半経ってから、その両方の子どもを階段の前に連れていったらどうなったかっていうと、両方ともちゃんと階段を昇ったそうです。だから結論。人間の赤ん坊が一歳半ぐらいになると階段を昇るという行動に学習はいらない、というくだらない論文ができた。

ところが、そういうくだらない研究はだめだ、もう少しまともな学習の研究法はないだろうかということになった。ある人が鳥の歌の学習ってのがいいんじゃないか、というんで、鳥の歌の学習の研究が行われるようになりました。

鳥の歌の学習

たとえばウグイス。ウグイス知ってるでしょ？　この頃はあんまりいないけど。「ホーホケキョ」と鳴きます。

で、ウグイスならば必ず遺伝的にそういうふうになってるから、学習をしなくっても大人になったら「ホーホケキョ」と鳴くものだと、昔はみんな思ってた。ところが、まあ意地の悪い人がいてね。ほかの音が絶対聞こえないようなところでウグイスの雛を飼った人がいるんですよ。なんの音も聞こえない。もちろん親のウグイスが鳴いてる声も聞こえない。ほかの鳥の声も聞かれない。人間の声も聞こえない。

そういうふうにして飼っておきますと、そのウグイスの雛はかわいそうに、大人になっても「ホーホケキョ」って言えないんです。やっぱり歌えない。学習しないとこれはだめなんだ、ということがわかりました。

じゃ、どういうふうにして学習するか?

ウグイスの雛は、小っちゃい時はほとんど耳が聞こえないんですが、二日ぐらいすると耳が聞こえるようになるそうです。そこで、親のウグイスの声をテープに採って「ホーホケキョ」って鳴く声を聞かせてやると、二日ぐらい経った雛は、その「ホーホケキョ」っていう声が聞こえてくる方を向いてじっと一所懸命聞いてるんですね。そうやって親の声を聞きながら大きくなりますと、ちゃんと「ホーホケキョ」を歌えるようになるんです。なるほど、子どもの頃からずーっと聞いた歌を覚えて、それを歌うようになるんだな、学習ってのはそういうもんなんだなあ、ということがわかったんですね。

そうすると、誰でもやってみたくなる実験があるじゃないですか。じゃあ試しにカラスの声を聞かせてやれってね。生まれた時からカラスの「カーカー」と、こればっかり聞かせちゃったらどうなるだろう。ウグイスのくせに「カーカー」と鳴くヘンなものができるんじゃあないか、と誰もが思うでしょ。で、それをやった人がいるわけです。

そしたら、どうなったか。非常に面白いことがわかったんですね。つまり、その雛は「カーカー」という声を聞こうともしないんです。ぜんぜん。知らーん顔してる。で、どうもこの雛は向学心もないアホな奴だ、しゃあないな、この子は、と思ったんだけど、まあ試しにと思ってウグイスの「ホーホケキョ」っていうテープを聞かしてやったんです。そうすると、そっちを向いてじっと聞くんです。で、それを切り替えて「カーカー」にするとそっぽを向いてしまう、ということがわかりました。

これは非常に面白い発見だったんですね。どういうことかっていうと、ウグイスの雛は学習すべきお手本を遺伝的に知っている、ということになるんです。

で、そういうのをずーっと調べていくと、学習というのはいい加減に起こっていることではなくて、ちゃんと順番があるようです。

ウグイスの場合には、母親も父親も両方ともやって来て巣をつくります。ですが、雛に餌を持ってきてくれるのは母親だけなんです。父親はそこにいるんですが、ぜんぜん雛に餌を持ってこようとはしない。父親は「ここは俺の縄張りだ、入ってくるな」ということを言ってまわっているんです。そのために一所懸命「ホーホケキョ、ホーホケキョ」と鳴いてるわけ。で、雛の方は、父親がなんのために鳴いてるか知らんが、とにかく「ホーホケキョ」って声だけは聞くわけ。それを聞いて学習しちゃうんですね。

ところが、ウグイスの父親が「ホーホケキョ」と鳴くのは、巣をつくって雛がいる時に限ります。繁殖期が終わっちゃったら、もう「ホーホケキョ」とは鳴きません。だから、その場所を父親が守りながら縄張り宣言をしている時に、それを聞かなくちゃいけない。それ以外の時期には、学習はできないっていうことになります。

絡み合う学習と遺伝

「学習というのは遺伝とまったく対立するものである」と、昔からそういうことが言われました。今でも、字がうまい人は遺伝か学習か、とかね。絵がうまい人も、お父さんが絵がうまいから遺伝なんだろうと、いろいろ言います。だけど、そういう意味での遺伝とか学習とかいう問題ではないんだということがわかった。

動物行動学的に非常に大事なことだったのは、学習というものは、じつは、これもまた遺伝なのだ、遺伝的プログラムの一環なんだということが明らかになったことです。これは非常に大事な認識です。これは動物行動学としては、非常に大事な発見でありました。

昔、井深大さんというソニーの偉い社長さんがいてね、この人はね、学習がすごく好きなんです。とにかく子どもたちに何でも教えてやれというんで、生まれたばかりの赤ん坊をね、すぐにプールに放り込むんです。すると子どもは、沈んじゃうから、必死になって泳ぐわけでしょ。そうすると、その子はすぐに泳げるようになるんだ、というんです。

それから、トランポリンみたいな上で、ポンポン跳ねさせる。そうするとうまく跳ねる子どもができる、と。ほかにも何かいろんなことをすると、子どもの能力はものすごく拡大するのである、と。だから、子どもにはもういろんなことをやらした方がよい、というのがそのソニーの社長さんの主義でありました。

でもね、学習というのは、じつは、生得的なもの、遺伝的なものをちゃんと自分の身につけていくための、そのための一環なのであって、「遺伝か、学習か」という話ではない、というふうになっています。

ただ、人間の場合は、小学校でもまだ学習派の先生が多いので、とにかく学習、学習と言います。それで、子どもにいつも、いやなのに一所懸命やらせるから、生徒はいやになっちゃう。ウグイスだったならば、「ホーホケキョ」という声がしたらば、それを一所懸命聞いて覚えるようになるんですね。で、それを覚えていくと、大人になった時「ホーホケキョ」が歌えるようになるんです。歌えるようにならないとメスを口説けない。自分の子どもを残すこともできないんです。というようになっているので、学習というのは非常に大変なことなんであって、しかもそれは遺伝と絡み合っている。こういう話になりました。

今のところまで、いいですか？　何かとくに質問はないですか？

学生　たとえば、人の話す声を鳥は……。
日高　え、人の声を？
学生　ええと、インコだとかオウムだとか、そういった人の真似をする鳥なんですけれども、自分の学習すべき声をわかってないんじゃないですか。

じつはね、そういう鳥が結構いるんです。これはなぜなんだろうというのはじつは問題で、あれはとんでもないヘンな声を覚えるのが好きなんですね。

しかもね、ああいう鳥のメスたちは、オスがどれだけいろんな他の鳥の声を真似できるか、というのを聞いてるんです。で、いろんな真似ができるようなオスを選ぶんです。そういうのが好きなんだな、メスとしては。で、そういうオスが残って、いろんな鳥の声を学ぶやつが子孫を残していくわけですね。そういうふうになっているのはなぜなんだろう、というのはわかりません。

言葉の概念と単語——ソシュール

それから、この間ちょっと言いましたけれども、単語というのは、じつは単なる言葉ではなくて、そこに概念が入ります。ソシュールという人の名前をこの間あげましたよね。スイス人の偉い言語学者でソシュールという人がいて、単語と概念ということを非常にきちんとした。

ウグイスは「カー」と鳴くか？

たとえば、ここに一冊の本がある。これは日本語では「本」という。英語では“book”という。ところが、こういうものがあるので「本」とか“book”という単語ができたのではないというふうに、ソシュールは言うのです。

何か人間が書いたものがいろいろあります。たとえばここに、今までの講義のメモをとったのがあります。これらはバラバラの紙に書いてある、ね。中にいろいろ書いてあるけども、これは“book”じゃないよね。これはコピーですね。すなわち、われわれは「本というものはこういうものじゃない」というふうな、ある認識を持っている。

一方で、こちらに薄いけどきちっと綴じられた本がある。「これは本か」というと、「これは薄いけど本だ」というふうにぼくらは認識します。すると、「本」という概念が先にあって、たとえば、きちっと綴じられていて、中に文章が、あるいは絵も入ったものがあって、ひとつのまとまったものになっているものを、われわれは本、あるいは英語だったら“book”というふうに思っているんです。「本」という概念があって、その概念をものにあてはめるんだ。

これがね、ソシュールの言った非常に大事な話のひとつなんです。昔われわれは、モノがあるので、そのモノに名前をつけるんだと思っていた。でも、そうじゃないんだ。名前が先にあるんだ。その名前を、モノにつけるんだというんです。そうなると、概念の持ち方によって、いろいろ名前のつけ方が変わってきます。

日本語ではいろいろな言葉が非常に微妙な意味を持っている、というようなことを聞いたことあるでしょう？　たとえば雪にしてもね、細雪だとかボタン雪だとか、いろんな雪がありますね。英語では雪といったら“snow”ひとつぐらいしかないと言われてます。それは概念の持ち方が違うからです。文化によって、その場所によって、やっぱり雪の降り方が違うので……。

たとえば、東南アジアに行ったことのある人はいるでしょうね。東南アジアへ行くと、冬になっても雪はたくさん降りませんね。昔、京都大学にも東京農工大学にも東南アジアからずいぶん留学生が来てました。で、留学生がはじめて冬の日本に来て大感激するのは、やっぱり雪なんです。雪が降ってくると、「わぁー、雪だ！」と言って、もう大感激。でも、彼らにしてみたら、それは単に雪、ひとつ。細雪だとか何とか雪だとか、そんなことはないんです。雪という概念はひとつしかないんです。

でも、われわれ日本人はもっと細かに雪を知ってますから、彼らに日本語は非常に微妙な言葉だとか何とか言われるけど、それは嘘ですね。日本語ではたまたまいろんなことがあって概念がたくさんあるから、いろんなものの名前も複雑になっただけの話です。反対に外国には区別があっても、日本ではそれは区別しません、というのもたくさんある。いずれにせよ、自分が属している集団の中で使われている単語を、聞いて、覚えて、その単語によって、さっき言ったような一般的な文法を展開していくわけです。

ええと、少し質問が出てきたらいいですが。何か質問をちょっと考えてみてください。はい。

学生　あの、ゴリラとかが言葉を習得しますよね。それって概念があって習得するのか、どういうことに意味があるとわかりながら習得しているのですか。

ははあ、いやあのね、ゴリラとかチンパンジーにね、いろいろ教えるでしょ。あれはね、よくわからないけども、結局、人間が教えてるんですね。で、人間の概念をもって、チンパンジーにそういう概念があるかどうかを調べる。しかも、それはだいたい、欧米人がやってますから、みんな英語で聞くわけですよ。"water"という言葉を教えなくちゃいけない。すると"water"というのはぼくらの考える「水」っていうのとはまた違う概念がありますね。英語の"water"っていう概念をチンパンジーが持っているかどうか、それを表す時にこうやるとか何とか……。そして、むこうはまぁ、結構ものまねはうまいし、そういうのを覚えさせたら覚えちゃうんですけども、さてさて、どこまでわかっているかは非常にわからない。で、一時、そういうのをさかんに教えるのが流行りました。だけども、この頃はね、ちょっとそうやってもね、何かわかるのかなぁという、ずいぶん疑問が出てきてるみたいです。

そろそろ時間なので、今日はこれくらいにしましょう。ご苦労さまでした。

第6講◈遺伝子はエゴイスト？

前回までは言語のお話をしてきました。言語は学習をして習得しているんだと今までは思われていました。でも、そうではなくて、遺伝的に備わった文法的なものがあって、要するに、自分の見た「何かをしているもの」があった時に、それを「何かが」と「している」という主語と動詞に分けちゃう。そういう形にするのが、人間という動物の言語のいちばん基本的な形なんだという話をしました。

種族のために？

今日はちょっとまた少し違った話をしようと思うんですが。君たちは「利己的な遺伝子」って話、聞いたことありますか?

“The selfish gene”といいます。高校の時に聞いたことがあるかな? 本で読んだ?

学生　先生の本で読みました。

日高　はあはあ、先生の。高校の時に?

学生　いえ日高先生の。

日高　ああ、そうなのか。

くどいほど言ってますが、人間は動物です。いろんな動物がいるんですが、昔から問題になってきたことは、人間がなんのために生きてるかということですね。

これはいろいろ、社会のために生きてきたとか、いい仕事がしたいとか、勉強したいとか、いろんなことがありますが、動物たちはどうでしょうか。

ネコは何のために生きてるのかということは、これはわかりません。だけど、なんか一所懸命生きてますね。ほかの動物も一所懸命生きてます。

あれは、やっぱり自分たちの種族、ネコはネコの種族を維持するために一所懸命やってるんだといわれてきました。昔から、人間も含めた動物には個体維持、自分の体を維持する働きと、種族を維持する働きと二つあるといわれていました。

ぼくらは毎日、昼になったら弁当を食べるでしょ? やっぱり食べて栄養を摂って、それで体をつくっているわけです。それは個体維持なんだけども、同時にある年齢になってくると、男の人は女の子が可愛くなるし、女の子は男が好きになる。お互いに好きになって恋愛をするなり結婚するなりします。そうすると間もなく子どもが生まれることになります。子どもが生まれるということは、人間という種族の次の代が加わるということですね。そうやって人間も植物もずっと種族を維持している。だから、動物には個体維持の働きと種族維持の働きとがあるんだと、そういう話になっていました。

これも、そういわれるとそうだなという気がするんですが、今から四十年ぐらい前かな、一九六〇、七〇年ぐらいの時に、動物の行動や社会の研究が進んでくると、よくわからないことがどんどん増えてきたんです。

ハヌマンヤセザルの社会

そのひとつでいちばん有名な、多分いちばん早い、日本人がやった研究があります。それは京都大学にいた杉山幸丸先生という方が行った研究です。

杉山先生がまだ大学院生の頃、京大の動物学科でおサルの研究をしたいと言ったらば、「じゃあ、おまえはインドへ行ってこい」ということになった。

日本ではニホンザルの研究というのを京都でずっとやっていました。そしてチンパンジーやゴリラとか類人猿の研究も、日本でも外国でも始めていたんです。インドにもいろんなサルがいる。これは誰も研究してないから、おまえインドに行って研究してこい、と言われて行ったんです。

何のサルを研究したかっていうと、ハヌマンヤセザルという日本名がついたサルを調べた。ヤセザルっていうのはニホンザルよりもっとほっそりして痩せてるんです。だからヤセザルですね。ハヌマンっていうのはインドの伝説的なある種の神様の名前です。だから神様のようなサルのことです。このサルの社会がどうなってるかを研究してこい、ということになりました。

杉山先生は山の中に小屋をつくって一人で住んで、山にいるハヌマンヤセザルを見つけたらばずっとついて行って、どういう社会をつくってるかということを調べていったんですね。

杉山さんの研究でわかったことですが、このサルはニホンザルみたいに三十匹なんて大きな群れをつくりません。かといって一匹だけでいるわけでもない。数匹で小さい群れをつくっている。その中に一匹だけオスがいて、あと五匹か六匹はメスなんです。つまりオスザルが五、六匹のメスを従えたハーレムをつくってる。それがこのサルの社会の基本単位である。で、そういう群れがあっちにもこっちにもいて、真ん中のボスが中心的にこっち行こうあっち行こうとやってる。このオスザルが、自分が連れている五、六匹のメスとつがって、子どもを産ませています。子どもは一匹です。だから五、六匹メスがいたら五、六匹子ザルがいる。

よーく観察してますと、オスが一匹いて、周りのメスザルは子どもを抱えて、それぞれにお乳をやって養ってるわけです。このサルは小さいサルですから、まあ二、三年で子どもは大人になっちゃうんです。そうすると、大人になったオスってのはメスが欲しいわけですね。周りを見ますと自分の妹がいます。妹はメスです。それで「よし、このメスにしよう」と口説くわけです。ところが、そのメスの方はそう簡単に口説かれない。「イヤッ」って言うわけですね。人間の場合、誰かに口説かれて「いやです」という時には、まあ「ずっとお友達でいましょうよ」とか、なんだかんだって言ってごまかしちゃうわけですが、サルの場合はカーッと噛みついてくるんですね。で、こらだめだというんで、このオスはその群れから出て行っちゃいます。

そして、このオスが山の中を歩き回ってると、また別の群れに出会うんですね。そうすると「よし、あのオスザルとケンカしてやろう」というんで、ケンカをします。で、向こうはメスを持ってるオスなんだけども、多少年をとってることもある。こっちのオスはまだ若くて強いです。すると元気なオスの方が勝って、相手のオスに大けがをさせて追っ払う。それでこの若いオスは、まんまとこのメスたちの群れを乗っ取る。いっぺんに五、六匹のメスが手に入るわけです。これも杉山さんはずっと見てました。

群れを乗っ取るっていうことは他の動物もよくやってるんですが、ハヌマンの時はどうするのかなあと思ったら、非常にヘンなことをやってるわけです。

前のオスを追っ払って、新しいボスになりますね。そうすると、このボスザルはメスザルが抱えている子どもに向かって噛みつくんです。子どもは赤ん坊ですから、オスザルがガバッと噛みつくと大ケガするわけです。そしたら、たぶん母親がそのケガをさせられた子どもを一所懸命守るだろうと思っていたら、そうじゃないんです。ケガをさせられた自分の子どもを捨てちゃうんです。そうすると子どもは、もう誰もお乳を飲ませてくれないし、誰も保護してくれないから、まもなく死んじゃうんです。で、おんなじようにして別の子ザルたちも結局殺していっちゃう。こうやって、子どもを全部殺しちゃうわけです。

これを見ていて杉山さんは、わけがわからなくなっちゃったんですね。つまり、そこにいる子どもっていうのは、そのハヌマンヤセザルというサルの種族の、次の世代を担う大事な子どもじゃないですか。その子どもを、同じ種族のオスザルが、一匹ずつ全部殺しちゃうというのは、どういうことだろうか。こんなことしてたら、ハヌマンヤセザルの種族はどうなっちゃうんだ、ということを考えた。

杉山さんはあんまり新しいものの考えをする人ではなかったんですね。本来、動物というものは、子どもを可愛がるものだということになっています。これは人間でもそうですね。だから、親は子どもを可愛いがり、そうやって種族が維持されるというお話になってました。誰もそれを疑ってなかったし、杉山さんもそう思っていた。

ところがこのサルでは、群れを乗っ取ったオスが子どもをみんな殺してるではないか。で、はじめ杉山さんは、これは、オスがメスを口説こうとしてもメスたちはそう簡単に口説かれませんから、身を守ろうとして、たまたま間違って赤ん坊のサルを殺しちゃったのかな、と思った。でも、どうも見ていると、オスは母親じゃなくて子どもを狙って噛みついてるわけですね。間違えて子どもを殺してるんじゃない。

これは、どういうことなんだろうか。これが種族のためになるんだろうか。そんなことを一所懸命考えているうちに、杉山さんは、これはたぶん人口調節をやってるんだろう、と思ったんです。

これは人間でもおんなじでしょ。今は世界中で人口がどんどん増えてきて、六十億、七十億になろうとしてる。この調子で増えていくと食べ物が足りなくなる。その食べ物をつくる畑もなくなる。結局、人間全体が滅びちゃう。人口は減らなきゃいけないというように、今さかんに言われてます。

ほかの動物でもそれはおんなじことで、あんまり数が増え過ぎると食べ物がなくなって、病気が流行ったり、土地を汚したり、いろんなことをするので、ろくなことは起こらないと。結局その種族は、最終的には滅びちゃう。だから、動物たちは人口調節をしているんだ、と思われてました。

じつは、これは後で嘘だということがわかったんですが、とにかく、その時はそう思われたわけです。それを杉山さんも信じてた。だから、きっとこのハヌマンヤセザルは人口調節をしてるんだと思ったんです。

それで、そのつもりで見ていたら、そうじゃないんですね、ぜんぜん。つまり、メスザルはこういうふうな状態になるとみんな発情して、一所懸命オスと交尾しようとする。そうして結局このメスはまた子どもを産むわけです。また子どもを産むから、結局人口は減らない。じゃ何のためにこんなことをしているんだろう、というので杉山さんはまたずいぶん悩んだらしい。

ライオンも子殺し

その時に国際会議があって、杉山さんもインドでいろいろ調べてますから、自分が研究したことを発表しなくちゃいけない。それで、自分がインドに行ってハヌマンヤセザルというサルと社会の動きを見ていたら、オスザルたちは大きくなると他の群れを襲って乗っ取って、そこの子どもたちを殺しちゃいます。そうするとメスザルが発情して、結局そのオスザルとつがって、また子どもを産むので、また元と同じような数の群れができあがります、と発表したらしいんです。

そうしたら、これが非常に評判の悪い発表になったんですね。みんな杉山さんの言ってることがわからない。だいたい動物が子どもを殺すということは普通ないんじゃないか、なぜわざわざ子どもを殺すんだ、子どもを殺して人口調節をしているのならわかるけど、人口調節になっとらんじゃないか、このサルはいったい何をしているんだ、というのでみなさん信用しなかった。ということで、たいへん評判が悪かったのだそうです。

ところが幸いなことに、その同じ日だったか次の日に、イギリス人がアフリカでやったライオンの研究を発表したんです。

ライオンの社会も、だいたいオスが二、三匹いて、メスを五、六匹連れている。そういうグループです。で、このオスはだいたい兄弟同士なんです。同じ親から産まれた兄弟。そこにメスが寄ってきて、集団ができて子どもを産む。すると子どもの中のオスの赤ん坊はだんだん大きくなっていって、自分たちの群れの二匹のオスとけんかになる。で、あるところまで大きくなると、自分の妹を口説くんだけれども、妹に断られて、結局グループから離れて、他の群れを襲う。そしてその群れのオスたちを追っ払って、新しいオスたちがその群れの持ち主になります。

で、次に何をするかというと、そのメスたちが育てている子どもを食い殺す。殺すだけなんじゃなくて食べちゃうんですね。ライオンですからね。そうすると、そのメスたちは新しいオスと仲良くなって、子どもを産む。ちょうどハヌマンヤセザルと同じことを野生のライオンがやっている、こんなことを発表した。

で、その国際会議に参加してた人々は、「ほおー」ということになったんですね。前日の杉山先生の話の時は、「いったい何だ、こいつの発表は」となったけど、アフリカのライオンも同じことをしてるんだ、っていうことになったんです。

この時に、ハヌマンヤセザルの種族っていうのは何だろうか、ライオンの種族って何だろうか、という疑問が世界的に沸き起こってきたわけです。そういうふうになると面白いもんで、今までは動物たちは子どもを絶対殺したりはしないものだと、みんなそう思っていたんだけども、こういうことがありうるっていう話になってくると、必ず「いや、じつは私もそう思ってました」って言う人が出てくる。

そうなると、いったい種族維持ってなんだ、種族を維持するために生きてるのなら子どもを殺すはずはない、というふうな議論が起こりました。この議論は動物行動学の世界では非常に大事な、世の中ががらっと変わるようなものだったんです。

自分の子どもをつくる

で、結局、これは何をやっているかということですね。

ハヌマンヤセザルのオスが他の群れを乗っ取りますね。だけど、このオスにとってはメスが連れている子どもというのは、自分とは何の関係もない。オスはその子どもとは何の血縁関係もない。要するに自分の子じゃないわけだ。それがまずひとつ。

それからまた、こういう動物たちのメスというのは、子どもを育てている間はオスを拒否します。絶対オスの言う通りにならない。オスと交尾しない。それもだんだんわかってきました。つまり、群れを乗っ取った時にいる子どもたちは自分の産ませた子どもじゃなくて、自分とは血縁関係がない。そして子どもがいるかぎりは、そのメスは自分にはうんと言ってくれない。そんなことでモタモタしているうちに、また他のオスが来て自分が追っ払われちゃったらしょうがないでしょう。だからこのオスは早く自分の子どもを欲しいと思ってるんじゃないか。そのためには子どもたちを皆殺しにしちゃう。そうすると子どもを殺されたメスは、やっぱり子どもが欲しいですから、今度はそのオスの子どもを産もうとするわけです。そこで新しいオスとつがって新しく子どもを産む。で、結局そのオスは自分の子どもを手に入れることができた、ということになってんじゃないのって話なんです。

つまり動物たちは、種族を維持するとかそんな難しいことを考えているんじゃなくて、とにかく自分の血のつながった子どもが欲しい、ということだけなんだ。そうして結局のところ、種族は維持される。誰も「自分の種族」なんてこと考えてないんじゃないかということになりました。これが現在の動物行動学的な意味での一番基本的な考え方になってきました。

ギフチョウの交配

これは、じつはサルとかライオンだけではなくて、いろんなものがやっている。たとえば、春になると、ギフチョウという非常にきれいなチョウチョがいます。チョウチョはオスとメスが交尾しますけども、その時、たいていはオスは自分のペニスをメスの性器に入れて精子をメスの体内に入れます。と同時に、付属腺の粘液をメスの性器にぎゅっと押し込んじゃうんです。そうすると、これがあっという間にカチカチに乾いて堅いフタになっちゃう。簡単にとれないんです。メスの方は、可愛そうに、一匹のオスと交尾したらそういう栓をはめられちゃうわけですね。貞操帯みたいなものをはめちゃって他のオスが来ても交尾ができないようにしちゃう。何でそういうことするんかなぁ、ということだったんです。やっぱりチョウチョなんかでも、貞操とかね、そういうことが大事なのかなぁみたいな話になってたわけです。

メスのチョウチョは三百個くらい卵を持っています。そこにオスが来て交尾し精子を入れる。で、自分の精子を入れたら、貞操帯をガシッとはめちゃうわけです。そうすると、このメスが持ってる卵三百個全部が最初に来たオスの子どもになる。これは、オスが「俺は全部自分の子どもにしたい」と思っているからではないだろうか、そういうような話になりました。

それでいろいろな動物を見てますと、みんなそういうことをしてる。たとえばオスとメスが交尾したあと、そのオスは、そのメスをそばでずーっと守っている。それは、昔は、メスというのは非常にか弱いもんだから、そして卵を産んで種族を残すという大事なことをしてるんだから、オスはそれを守ってやらなければいけないという、何だか倫理みたいな話になってたんです。ところがそうじゃなくて、オスはそんなことはどうだっていい、メスが持っている卵を全部自分の子どもにしたい、他のオスの子どもにさせたくないっていうことだけなんじゃないのか、というようになってきました。

ドーキンスのアイディア

次の問題は、こういう動物たちは、誰と誰が血がつながっているかなんて、多分わからないはずですよね。人間だって、誰がどうつながっているかなんてわかりません。だけど動物たちは結果的にみると、まさにそういうことをちゃんとやっている。誰がそういうことをやらせるのか、というのが問題です。

これは、今から四十年くらい前のことで、これをきっかけに生物というものの見方がガラリと変わりました。イギリスのオックスフォード大学に、リチャード・ドーキンス（Richard Dawkins）という人がいて、この人は、自分ではあまり実験なんかはしないんだけども、非常に頭のいい人で、他の研究者がいろんなことをやってるのをみて、それはどういうことなのかと考える人だったんですね。

ドーキンスは、オスもメスも「自分」の子どもがたくさん残るようにしているが、それは遺伝子がそうさせているからじゃないかと言ったんです。これはまた、すごいアイディアだったんです。たとえば、ぼくにはぼくなりの遺伝子があります。何万個だか知りませんが、ちゃんとあります。それが、髪の色を黒くするだとかいろんなことを含めて、人間である、男であるということを決めています。ドーキンスは、その遺伝子たちが、自分たちが生き残って増えていきたいと思っていると仮定すると今の話はスッとわかる、というんです。

ぼくたちはお腹が減ってきたらとにかく食べますね。それは、ぼくが食べずに飢え死にしちゃったら遺伝子たちも死んじゃいますから、それじゃ困るっていうんで、遺伝子たちがぼくに命じてというか、ぼくを支配して何か食べるようにさせる。しかも遺伝子たちは生き残っていくだけでなくて、自分たちは増えていきたいと願っている。増えていくためには、ぼくが子どもをつくらなければいかんわけです。そのためには、異性に関心があって、異性を好きにならなくちゃいかん。そうしないと子どもができない。とにかくなんか知らんけど、ある年になってくると、男からしたら女の子が可愛くてしょうがなくなる。で、女やったら、やっぱりある男を好きになってどうしても一緒にいたいようになっちゃう。それは昔からそうなんですね。それで小説がいっぱいできています。

「何でそうなるの?」って言った時に、ドーキンスに言わせると、それは遺伝子たちが、自分たちは増えていきたいと思ってるから、ぼくを操って、女の子がいたら好きになるようにさせるんだということです。そうするとその結果として、子どもができて、ぼくの遺伝子は増えますよね。そうすると遺伝子の思った通りになる。そういう話をしたわけです。

遺伝子は利己的

そのとき遺伝子たちは、ある意味でいうと、ずいぶん利己的なんですね。遺伝子は自分のことばっかり考えている。その多分一番いい例は……。話にはみんな聞いたことがあると思うけど、つわりっていうの知ってますよね。あの、おなかに胎児ができて二ヶ月くらいの時に、女の人はお腹が痛くなったり気分が悪くなったりして、何を食べても吐いちゃう。

何のためにそんなもんがあるのかというと、これは要するに遺伝子がやらせているんだっていうんですね。その女の人の遺伝子が。妊娠して二ヶ月かそこらは胎児が非常にデリケートな時期なので、そういう時に母親がヘンなものを食べてしまったり、あるいはばい菌が入ってきたりすると、子どもが死んでしまうこともありうるわけです。せっかくこの遺伝子が、その女の子を操って男を好きにさせて、やっと子どもができた。つまり遺伝子にしてみれば自分のコピーができた。遺伝子が増えた。増えたけど、下手をしてヘンなものを食べたりして、そのできた子どもが死んじゃったら、また話がもとに戻っちゃうじゃないか。そうならないためには、そういうデリケートな時期に怪しげなものは食べない、場合によっては水も飲まない、食べてもみんな吐いてしまう。そうしないとバクテリアが入ってくるかもしれないでしょ。それで二ヶ月くらいして赤ん坊が安定してきたら、さぁー、それまで食べずにきたんだから、お母さんはお腹がすいてガバガバ食べる。それで赤ん坊はワーッと大きくなる。それも遺伝子がやらせてることだと考えると、非常によくわかるじゃないですか。

つまり遺伝子っていうのはそれほど利己的なものなんだということを、ドーキンスは考えました。人間もほかの動物の場合も、みんな遺伝子を持っていて、その遺伝子は利己的で、とにかく自分たちが生き延びて増えていけるように、いろんなことする。それによって動物はいろんなことをしているんだよと、こういうことを言い出した。

「遺伝子が」という時に、何かキャッチフレーズをつくりたかったそうです、彼は。それで「利己的な遺伝子」"The selfish gene" というキャッチフレーズをつくり、これを本に書きました。これは一九七六年にイギリスで出ました。ぼくも早速それを訳しました。今でも出版されています。これは新しい動物行動学というか、新しい生物学の始まりみたいになったんですね。いろんなことをこの "The selfish gene" で説明しようと思ったら、見事にできるんです。

"The selfish gene"「利己的な遺伝子」というのは、えらく有名な言葉になりました。この本はぼくだけじゃなくて何人かで訳したんだけど、決定的に面白い本でしたね。なにしろ、訳していて、腹が立つんですよ。ここまでひどいこと言わなくてもいいんじゃないの、と思うんだけれども、よく考えたらやっぱりそうだなぁと思うことばっかりで。七六年ですから今から三十年以上前ですが、訳していてものすごく勉強になった。それまでやっていたのとは違う生物学で、面白かったですね。現在ではこの上に乗っかって理論を考えています。

ただしドーキンスという人は "The selfish gene" を発見した人ではないです。彼は "The selfish gene" というキャッチフレーズをつくったんです。この人はキャッチフレーズをつくるのが非常にうまいんです。いろんな本を出していますが、まぁとにかく、頭のいい奴だなぁと思いますよ。

じゃあ、今日はこれで終わりにします。

第7講◈社会とは何か？

前回は「利己的な遺伝子」の話をしたんですよね。動物は種族を維持していくという話が昔はあったんだけど、じつは種族維持が問題ではなくて、自分と血のつながった子孫をどれくらい残せるか、ということが問題なのではないか。それがうまくいくのは「利己的な遺伝子」のためというか、遺伝子ってのは利己的にできてるからだ、というお話をしました。

今日は、それとの絡みで、人間だとか動物の「社会」とは何だ、っていうことについてのお話をしようと思います。

社会とは

大学生の頃に、ぼくの先生が『現代人間学』という本をみすず書房から出すことになった。その中で社会のことについて書くので、ぼくに「動物の社会・人間の社会ということで一章を書いてくれ」って言われたんです。大変だなあと思ったんだけど、できることばっかりやってたらだめだ、できないこともやらないと勉強にならないと思って、引き受けたんですよ。

そもそも「社会」とは何だということが、ぼくにはよくわかんなかった。そこで、その頃もたくさんあった人間の社会学の本を読んで「社会とは何か」っていうことをまず知ろうと思ったんです。それでいろんな本を、十冊以上読んだかなあ。翻訳も読みましたし、英語版でも読みました。全部人間の社会についての話なんだけど、ずいぶんいい加減なことを言うもんだってことが、非常によくわかりました。今はもちろん違いますけどね。

たとえば、「社会とは」という定義があると「社会とは、人間が社会生活をして」とかなんとか書いてあるわけね。普通は定義をする時には、その言葉を定義の中に入れちゃいけないわけですよね。ところが、「社会とは、人間が社会生活をするために」とかいうふうに「社会」って言葉がそこに入ってきちゃうわけ。これじゃあ、なんのことやら、さっぱりわからない。たいていの本にそう書いてある。そういうことが書いてない本は、「人間にはいろいろな社会がある。学級社会、卒業生社会、会社社会、なんとか」と、こう書いてある。家族社会とかね。で、結局それはなんだってことは、どこにも書いてない。結局「社会とは何か」っていうことは全然わからなくて、どうしようと思って、だいぶ悩んだことがありました。

今西錦司の社会

その頃、京都に今西錦司っていう人がいた。この人は京都大学の動物学科の研究室にいてニホンザルの社会を研究してたんですね。あとウマの社会のこともやってたかな。その頃は世界でもサルの研究をしている人は非常に少なかったんです。ですから、今でもサルの研究ってのは、日本人の今西が始めたというふうになっています。

で、この人の研究で今でも有名なのは動物たちの「棲み分け」という問題です。動物たちってのは種類が違うと食べる物も違うし、棲んでる場所も違う。それは、同じところにいるとケンカになるからだ。ちゃんと棲み分けをして、それで仲が悪くならないようにしているんだと、そういうことを言い出したんですね。

その研究を京都の鴨川でやったんですが、川底の石の下にカゲロウっていう虫がいますけど、そのカゲロウの幼虫は、流れの速いところのやつは体が平べったくて流されないようになってるし、へりの方の流れのゆるいところの種類の幼虫は、体が太くてあんまり泳げない。だけど、流れがゆるやかだから、そこにいられるわけですね。その場所で餌を食って親になる。体の平べったい、流れが速いところに棲んでるやつは、そういう場所で餌を食って親になる。そういうふうにして、同じ川の中にいろんな種類がちょっとずつ場所を変えて棲んでる。だから、鴨川にはいろんな種類のカゲロウがいるんだ、というふうなことを言い、それを「棲み分け説」と言ったんです。

これは世界的にも非常に有名になった説で、この今西先生がそういうことをいろいろ書いていきながら、「社会とは何だ」っていうことを言っています。ひとつの種があった時、たとえばネコだったら、ネコであることはお互い同士知っているんだけども、ある時は仲良く、ある時は離れて、結局ある関係を持ちながら全体としてネコとして生きている。つまり「社会というのは、ネコならネコという種類の動物が、その個体と個体の、一匹一匹のあいだの個体間関係を通してつくり上げている、種としての生活の組織である」。こういう難しいことを言ったんです。

ぼくはそれを読んで、「社会とは人間が社会生活をするために……」という話とはぜんぜん違って、非常に話がよくわかった。今西先生は要するに、「社会ってものは種のためにあるんだ」という、そういう言い方をしたわけです。それで、ぼくは本の一章を書きました。

昔は社会というと、たとえばミツバチみたいにいっぱい集まって棲んでるのをさして、「あれは社会をつくってる」と言われてました。人間の場合でも「社会がある」「社会をつくってる」って言うと、なんか人がいっぱいいるみたいな気がするんで、とにかくいっぱいいるのが一緒になってなんかやってると「社会」だと思われていたんですね。たとえば、今この教室はさっきの言葉を使うと「学級社会」ってことになるんでしょうけども、こんだけの人が集まって、おんなじ講義を聴いている。だから「これはひとつの社会だ」と、こういう言い方をするわけです。

で、集まってないと社会とは見えないから、そういう動物に「社会はない」と言われてました。たとえばモンシロチョウは、一匹あそこを飛んでるかと思ったらこっちにも一匹飛んでるし、ばらばらです。だからモンシロチョウに「社会はない」と言われてた。

それをさっきの今西先生は「社会とは種が生きてくための組織である」と言う。で、モンシロチョウに「社会はない」と言うと、「種が生きてくための組織はない」ということになっちゃうんですね。動物たちには社会のあるものとないものがあると言われてたんですが、今西先生はそうではないと。社会というものはどの動物にもあるけれど、その社会の在り方がそれぞれに違うだけだと。ミツバチみたいにウワーと集まってるような社会をつくる動物もいる。モンシロチョウみたいにばらばらにいるのもあると、こういうふうに言うんです。

要するに、社会というのはどんな動物にも必ずあるんだが、その在り方が違う、ということを今西先生は『生物社会の論理』（平凡社ライブラリー）という本の中で書いていました。それを読んで、ぼくはやっぱり非常にいい勉強になったんですね。

人間の社会

人間の場合は非常に複雑です。まず家族なんてものがあって、家族の中では父親がいて母親がいて子どもがいる。その中の父親と母親の関係、父親と子どもの関係、子ども同士の関係、そういうことがだいたい決まってます。それが人間の社会の家族という面での関係なんです。で、その家族の中の子どもが、今度は学校へ行くとします。学校というところでは、友達と友達の関係、同じクラスの子とはどうするとか、違うクラスの子とはどうするというのがある。先生と生徒の関係もある。先生は生徒を怒ることがあるけども、生徒が先生をいきなり怒ることはできない、という関係があるとか。

そういうものがいっぱい集まると、国というものができる。日本なら日本国という国ができますね。その国と個人とはどういう関係になるかって、これも決まっています。法律をつくって、その法律を守らないと罰せられるとか、いろんなことになってる。相当複雑なものをつくってるのが人間の社会なんですね。結局それはなんのためにあるのかというと、いろんな人間という動物の個人個人が、とにかくうまく生きて、めしを食って、大きくなって、やがては結婚して子どもを産むために、いろんな社会組織があるんです。

配偶のシステム

子どもを残すための社会の形にはいろんなのがあります。人間の場合でもそういうのはいろいろありますが、最終的にオスとメスが子どもを残すわけだから、オスとメスの関係がいちばん中心になります。それを「配偶システム（mating system）」というんだそうです。

これは、動物の社会の中でオスとメスの関係についてのシステムがどうなっているか、っていうことを言わんとしてる言葉です。いちばん単純なのは、一匹のオスと一匹のメスがいて、その二匹のあいだで子どもをつくっている。これが「単婚」です。単婚システムという。ところが動物によっては、たくさんのオスとたくさんのメスがみな子どもを産む関係になりうるという、そういうシステムを持った動物もいます。そういうのを「多婚」といいます。

たとえば、鳥のハイイロガンという種類のガンは単婚で、しかも一夫一妻です。それで、オスとメスはいつも一緒にいるんですね。ところが、多くの動物はだいたい一夫多妻です。クジャクは一夫多妻なんですね。

クジャクのオスはきれいですね。たいていの動物はオスの方が大きくて、派手です。だけど、オスはやっぱりメスには非常に気を遣っているので、メスがいたらすぐそばに寄っていきます。

寄っていってきれいな羽をバーッと広げて、メスの前で見せるんです。

昔は、オスがきれいな羽を見せると、メスはついうっとりしてそばへ寄っていって交尾して、そのオスの子どもを産むんだ、とみんな思ってたんです。ところが実際に調べてみると、メスってのはそんな甘いもんじゃないってことがわかったわけですね。

オスが頑張って見せても、メスはじっと見てるんだけど、どこかに行っちゃうんです。そのメスが違う場所に行きますと、その近くにいるオスがまた自分のきれいな羽を見せるんですね。で、メスが歩き回ってるうちに五、六羽のオスが出てきて羽を広げて見せるんですけども、メスの方は全部見て歩いて誰ともどうもしない。だけど、しばらくして今自分が出会った五羽とか六羽のオスの、どれか一羽のとこへ戻って来るんですね。戻ってきて、そのオスとつがって子どもを産むわけです。

そういうふうな具合でいろんな社会があって、一夫一妻になったり、一夫多妻になったり、いろんなのがあります。中にはオットセイのように一頭の強ーいオスの周りに五十匹から百匹のメスが集まって来るのもあります。だから、これはすごいたくさんのメスを持っちゃってる一夫多妻ですね。人間の男の人はそれを見て「自分もオットセイになりたいなあ」と思うわけですよ。いっぱいメスを持っていたら、いいだろうなと思うんですね。ところが、どうしてそういうふうになるかっていうことを調べていくと、これはなかなか大変なんです。

まず生まれてしばらくしたオットセイのオス同士が、子どもの時から戦うんです。子ども同士で戦って、強いやつが勝っていきますね。それで、もうちょっと大きくなる。大きくなると、またその年齢のオスたちが戦うんです。それで、どんどん戦っていって、負けたやつはケガをしたり、死んでいったりするんです。十年もすると、結局すごい大きなオスが一匹だけ残る。そうすると、そこにみんなメスが来るので、そういうハーレムになる、ということなんですね。まあ、とにかく、こういうふうなことを「繁殖システム」とか「配偶システム」といいます。で、世界の組織の中で繁殖のためのシステムがいちばん大事なんですが、それは種類によってみんな違う。どれがほんとの社会であるということはないんです。ハーレム社会をつくる動物もいるし、一夫一妻社会をつくる動物もいる。そういう社会を持ってる動物の中で、やっぱりぼくらにはどうしてもわからないことが、観察してるとだんだん見つかってきました。

そのいちばんいい例が、子殺しです。子どもを殺しちゃう。で、「社会をつくってる」というのはお互いが助け合ってる、というふうにぼくらは思うんだけど、動物たちの社会を見てると、別に助け合ってるわけじゃない。人間の社会だって別に助け合ってるわけじゃないですね。社会をつくっていじめてることも、たくさんあるわけですよ。だから社会ってのは、いいことのためだけにできてるんじゃないらしい。なかでも、一番ひどいのは子殺し。

結局、自分の遺伝子を持った子どもというのが大事なんで、社会というのも、そのために存在するシステムじゃあないか、ということになりました。お互いの同じ群れの種類の中で、せっかく生まれてきた子どもを殺しちゃうなんていうことをやって、そんなことしてたら絶滅しないのかって不安になりますけども、不思議なことに絶滅しないんですよ。

昆虫の子殺し

そんなことをするのはたぶん哺乳類とか、ま、そういうケモノだけなんだろうと、みんな思っていたんですが、じつは昆虫でもそんなことをするやつがいるんだってことがわかってきました。それが、タガメという昆虫です。

タガメってのは「田んぼにいるカメ」という意味で、この頃はもうほんとにいなくなっちゃいましたけども、昔は田んぼだとか水辺にもうたくさんいたんです。

どんな虫かっていうと、ずいぶん大きな虫で、長さが五、六センチあります。前足のところがカギ状になってる。水の中を泳ぐのはあんまりうまくないんですが、魚なんかが来ますと、カマキリみたいにピャッと捕まえて血を吸っちゃうんですね。

姫路の水族館にいる市川憲平《のりたか》さんという方が、このタガメを観察しました。それでヘンなことをやってるのを見つけたんですね。

この虫は田んぼとか水溜りに棲んでいるんだけども、卵を産む時は陸に上がってくるんです。

それで、田んぼとか水のへりに立っている木の棒とか草の茎にメスが登っていって、そして、そのあとからオスがすぐついてきて交尾をする。で、メスが卵を産み始める。百個ぐらい。その卵を今度はそのオスが守るんです。メスはどっかに行っちゃいますけども、オスはメスが産んだ百個ぐらいの卵の上に乗っかって、じっと守ってます。それで敵が来ると追っ払う。

もともと水の中にいる虫なので、卵が乾いてくると、時どき水の中へ降りてっちゃあ自分の体にいっぱい水をつけてきて、この卵の塊の上に水を落として湿らせてやるんです。そうしないと卵がカラカラに乾いちゃって死んじゃいます。そういう厄介なことをしてるんですね。

ところが、時どきヘンなことが起こるんですね。オスが卵を守っていて、時どき水の中に降りますね。そのあいだに他のメスがそこへ来るんですよ。そのメスは卵でお腹がいっぱいだけど、まだオスと交尾してませんから、そのまんまじゃ産めない。そうすると、このメスは先にあった卵をカギ状の前足でバリバリ壊し始める。卵はみんな死んじゃいます、もちろん。すると、そこへオスが帰ってきます。そして自分の守っていた卵を壊してるメスを追っ払おうとするんですが、タガメはメスの方が大きくて力が強いので、もう飛ばされちゃったりして、どうにも守れない。そんなことをしてるうちに卵は壊れていって、百個の卵があと十個ぐらいしか残らないとこまでいっちゃう。そうすると、オスはそこで非常にがっかりしたような様子になるんですね。

すると、オスは何を考えるのか知りませんけども、ちょうど今ここにメスがいるんで、このメスに卵を産ませるんですよ、今度は。これ、非常にヘンなシステムです。

メスにしてみれば、もうたいへん嬉しいわけですね。つまり、自分は卵を産まなくちゃいけない。産むところはあったけどもオスがいない。そこに卵を守っていたオスがいた。そうすると、卵を産む場所があって、オスまでちゃんと来てくれた、ということです。

市川さんはそれを見て、非常にびっくりしたんですねえ。市川さんはそのことを発見して、いろいろ研究をして報告書をつくって、京都大学にいたぼくのところに持ってきたんです。ぼくはそれを読んで、これは非常に面白い話だと思いました。

つまり、サルとかライオンとかで子殺しは調べられてきたけども、昆虫でも子殺しをするってのがいるんだなってことが、わかったわけです。これは世界で初めての発見です。

そのうえ、前回のハヌマンヤセザルの場合もライオンの場合も、群れを乗っ取ったオスが子どもを殺してるんですね。でもタガメの場合は、メスが他のメスの卵を壊しちゃうわけですよ。そういうことをやってるんです。

結局、悪いことをするのはオスもメスもおんなじことだと。要するに、自分の遺伝子を持った子孫を残したい、ということであるというのは変わりはない、というふうになりました。

ダーウィンと今西錦司

結局、動物たちにとって種族はどうでもよくて、要するに、自分の血のつながった子孫が欲しい、それだけの話なんだと。

こういう進化論みたいな話になったら、必ずダーウィン（C. Darwin）が出てくるわけですね。ダーウィンが書いた『種の起源』（八杉龍一訳、岩波文庫）という本があります。この本の、どうして進化が起こるかっていう中に、「よりよく適応した個体は、より多く子孫を残すだろう」という文章があるんですね。そうすると、そういう性質を持った子孫がだんだん増えていくので、種はその方向に変化していくだろう。そしてある時が来ると、よりよく適応した新しい種ができるだろう。

ダーウィンって人はスパッとものを言わないので有名な人なんです。イギリスにハーバート・スペンサーっていう人がいて、ダーウィンの長ったらしい言い回しを、彼は「適者生存」、適応した者は生き残る、と言ったんです。

「適者生存」ってのはすごく短い言葉で、英語でいうと"survival of the fittest"です。「適者生存」って言葉は世の中に広まったんですが、ダーウィン自身が言った「よりよく適応したものは、より多く子孫を残す」なんていう言葉は、人々には伝わらなかった。でも、あらためてダーウィンの言ったことをよくよく見ると、こういうことになるんですね。

今までにお話ししたハヌマンヤセザルやライオンやタガメの話は、結局みんな、ダーウィンの言ったことに当たるんじゃないか。つまり、うまくやってるやつは子孫をたくさん残す、そういうやつの子孫が残っていくんだから、子殺しだとかいう話は、要するにダーウィンが言ったのとおんなじことなんだな、っていうことがわかりました。

それで、今から四十年ぐらい前に、新しく「適応度」という概念がつくられました。「適応度」というのは、暑いとこにでも棲めるとか、寒いとこでも適応できるとか、そういうふうに取れますが、そうじゃないんです。自分自身の子孫をどれくらいたくさん残せるか、それを「適応度」というふうに呼ぶことにしたんです。

動物たちは結局自分の「適応度」を高めるために一所懸命やっていて、社会組織というのも、結局「適応度」が高まるようにできているんだと、こういうお話になってきました。「適応度」のことを英語で「フィットネス（fitness）」といいます。

じつは、今西先生はそんなことは考えていませんでした。今西さんっていう人は、ダーウィンが嫌いなんです。なぜ嫌いかっていうと、今西さんは競争するっていう概念自体が嫌いなんですよ。

はじめにお話しした今西さんの「棲み分け」というのは、いろんな種類の生き物がいた時に、お互いにちょっとずつ違う場所に棲んで、競争したりなんかしないで、みんながちゃんと栄えていく、そういうシステムがありますよ、という考え方だったんですね。で、その「棲み分け」ていく時に進化するんだと。流れの速いところに棲みやすいようなやつができたり、流れの遅いところに棲みやすいやつができたりしていくと、そういう進化が起こって、いろんな種類の動物ができてきます、という説なんです。

それが今西先生の有名な、彼自身も自信を持っていた棲み分け説なんですが、その後、この話は否定されちゃったんですね。「棲み分け」というのは上手くできてるようだけど、実際には競争しあった結果、棲み分けが起こるのであって、はじめから「私はここに棲みますから、あなたはそっちに棲んでください。ま、ケンカしないでお互い仲良くやっていきましょうね」なんてやってるわけじゃないんだと。

ダーウィンの考え方では、この生物の世界っていうのは、全部がお互いに競争しあってるわけですね。競争しあってるからこそ、より適応したものができてくるんだ、それが進化の始まりだと、こう言ってるわけです。それが生存競争。「自然淘汰」という概念です。

山の上からの眺め

今西さんは、自然というものはお互いに調和がとれていて、お互いにみんな仲良くやっているんだ、それが自然というものの姿で、自然てのは競争しあっていくと捉えているダーウィンはまちがいだというふうに、ダーウィンの考えに反対しました。

その後、ぼくがもう京都大学に来てからですけども、ダーウィンの国であるイギリスからホールステッド（B. Halstead）という人が京大に来て、今西錦司の研究をした。

日本の今西錦司は反ダーウィンで、日本で非常に有名になってる。とんでもないと。あれをやっつけてやろう、というので来たんですよ。それで一冊の本を書きました。その本のタイトルは"Kinji Imanishi: A view from the mountain top"「山のてっぺんからの眺め」という、そういう本なんです。

今西錦司っていう人はお金持ちだったし、山登りがすごく好きだったんですね。それで、今西錦司は結局のところ、山の上から自然を見ている。そうすると、いかにも自然というのは調和がとれて、棲み分けをして競争なんかしないように見えるだろう。だけど、その山のてっぺんから降りて、地上のとこに行ってみなさい。そしたら、そこで起こってることは調和ではなくて常に競争であるということがわかるだろう。そういうことを書いた本でした。なんとなく、いやらしい本でしたね。ぼくはあんまり好きじゃない。

今西錦司は、社会を「種が生き残っていくための組織である」というふうに考えてくれたわけです。それは、ぼくにとっては大変にためになりました。つまり、人間の社会もそういうふうに見ることができるだろうという本が書けたんです。ですが、それからだんだん見てると、どうもそういうもんじゃないという気に、どうしてもなってしまうんですね。今ではもう、今西流の見方というのは、ほとんどが否定されています。

えっと、もう時間だな。これは次にしますけども、自然っていうものはもともとは競争的にできてるもんなんですが、なんでもかんでもめちゃくちゃに競争してるわけではないんです。そのことが最近になって、またわかってきました。この次はそういうことを研究した、イギリスのメイナード=スミスという人の話をしようかと思います。

今日はここまでにしましょう。ご苦労さまでした。

第8講◈種族はなぜ保たれるか？

それじゃあこれから始めます。こないだは社会のシステムとしての単婚とか、一夫一妻とか、多婚とか、そんな話をしたんですよね。それで、子殺しの話もしました。だけど、オスとメスで何をしてるのかって話はあんまりしてないと思います。

オスの戦略

人間になんで男と女がいるんですかっていうことを質問する人がいて、たとえばそれを文学部あたりの学生に聞くと、「愛し合うためじゃないんですか」と言うんです。そういうふうにすると子どもは結局残るから、子どもが残ればその種族は維持されていくので、結果的に種族は維持されていく。

しかし、誰も種族を維持しようなどと思ってはいないんだっていうことです。オスはオスで自分の血のつながった、つまり自分の子どもをたくさん残したいと思う。メスはメスで自分の子どもを残したいと思う。その時オスとメスでそのやり方が、戦略が違うわけです。

戦略ってのは、英語でいうとストラテジー（strategy）で、これとよく似た言葉で意味の違うのが、みなさんもよく知っている戦術です。戦術のことは英語ではタクティクス（tactics）といいます。戦略というのは基本方針です。戦術ってのは、その場その場でどうやるかという具体的な問題。だから戦略がおんなじでも戦術が違うことも、もちろんあるんですね。

オスの方は自分で子どもを産めませんから、メスに産んでもらうほかないわけね。そうすると、オスが自分の子孫をできるだけたくさん後代に残すためには、できるだけ多くのメスに出会って、そのメスを口説いて、そのメスに自分の子どもを産んでもらうようにする。それがすべての動物のオスの基本戦略です。

これはもう人間でも、もちろんおんなじことです。よくいろんな講演会をすることがあるんですが、だいたい講演会って男の人が多いんだけど、終わってからちょっとパーティーになる。そうすると、男の人は必ず女の人のところへ行って、どこから来ましたとか、会社はどこですかとか、言っても言わんでもいいような話をしてるわけですよ。それからビールをついでなんてことをやってるわけ。これは要するに、男の基本戦略に従って、とにかくできるだけメスと出会うチャンスをつくっているんですね。そういうことをやってるわけです。

メスの戦略

ところが、メスの方の基本戦略ってのは、ぜんぜん違うんですね。オスはとにかくできるだけたくさんのメスに子どもを産ませるようにする。ところがメスの方は産む子どもの数が決まっています。たいていの動物、たとえばネコだったら三匹とか四匹とかでしょ。人間だったら、普通だいたい一人ですよね。しかも妊娠期間があるから、ほぼ一年に一人しか産めない。だから、メスの方はオスを数集めりゃいいっていうもんでは、まったくないんです。

それで、オスの方はメスを口説こうとしてますから、メスの周りにはオスがなんとか言っちゃあ寄ってくるわけ。メスの方は待ってるとオスが来るわけね。いっぱい来るんだけど、やっぱりその時にいい子どもを残さないかんのです。いい子どもってのは丈夫な子どもですね。だから体がしっかりしてるオス、そういうオスを選ぶ。そのためには、オスがいっぱい来た時に、そのオスをじーっと見て、こいつほんまにどういうオスなんだっていうのをチェックするわけですね。それをやってる。

メスがそうやってオスを選ぶことを「メスによるオスの選択」とか「フィーメイル・チョイ

ス（female choice）」といいます。この概念が広まってきたのは、そうですね、今から四十年ぐらい前かな。それよりもっと前には、こんな概念はほとんど知られてなかったんです。

クジャクもそうやって選んでるわけですね。クジャクのオスっていうのは非常にきれいです。イギリスの若い女性の研究者が、クジャクがどうやってフィーメイル・チョイスをしてるかっていうことを研究しました。

クジャクのフィーメイル・チョイス

ロンドンに近い、ある動物園に、クジャクを放し飼いにした、かなり広い場所があるそうです。そこで彼女はずーっと観察してた。

で、クジャクは繁殖期になると、オスはせいぜい三畳ぐらいの場所を選んで、じつは戦うんですよ。メスが来そうな場所がいいわけなんで、そういう場所の取り合いをオス同士でします。そして、そういう場所を取って、がんばって待ってるわけです。

メスの方もやっぱりオスを見つけなきゃいかん。こないだの講義を聞いた人にはおんなじ話だけども、メスが歩いてくると、オスが自分の羽をバーッと広げて見せるわけですね。メスはその時に意地悪く、そのオスをじーっと見てるんです。だいたいそういうことをして、まあ少なくとも五、六羽のオスを見て歩きます。それから、丈夫で立派なオスだと、そのメスがそうにらんだオスのところへ帰ってくる。で、そのオスとのあいだに子どもをつくる。そういうオスとのあいだで子どもをつくっとけば、その子どもはちゃんと育つだろうし、大きくなったら立派になるだろうし、そして長生きをするだろう。メスにしてみても、そういうふうにいいオスとのあいだに、いい子どもをつくりたいわけです。

ところが、メスがどうやってオスを選んでるんだろうか、ということはわからなかったんです。クジャクのオスってのはみんな同じようにきれいなんです。その研究をした女の人は一所懸命見てたんだけども、なかなかわからない。それまでは、だいたいのメスは、オスが何匹もいた時には、その中でいちばん大きなオスを選ぶと言われていました。体が大きくなったっていうことは、やっぱり丈夫なわけですね。それで年長のオスを選ぶ。若いオスっていうのは、ほんとに丈夫かどうかよくわからない。今まで生きてきたのが二年とか三年とかいうことになると、その先五年十年生きるかどうかわからない。だから、長いあいだずーっと生きてきた年長の丈夫なオスを選ぶわけですね。

ところが、どのクジャクが丈夫かっていうのは、見ただけではわかんないんです。クジャクの羽には丸い模様がいっぱいあります。で、羽を広げると、その丸い模様がだいたい一五〇から一七〇ぐらいあるそうです。そこでその研究者が、写真に撮って数えてみたところ、模様の数が多いオスが選ばれてるらしいことを見つけました。そこで、そういう説を唱えました。

これは非常に有名な論文になった。たとえば、羽全体に一五五の目玉模様のあるオスと、一五七あるオスとがいると、最後にメスが近寄っていくのは、一五七のオスだっていうんですよ。だけど、こういう丸い模様がいくつあるかっていうのは、ちょっと普通じゃわからない。しかも一五五と一五七の違いなんて絶対わからないですね。普通の動物には数という概念はありませんから。クジャクはどうやってんのかなあって、疑問はずーっとみんな残してたんです。

その当時、早稲田大学に長谷川眞理子っていう先生がいまして、今はね、葉山にある総合研究大学院大学という大学の先生をしてますけど、彼女は、そういう話に興味をもったんです。

一般的に動物のオスがみんな派手で美しいのは、その美しさでもってメスを呼んで、かつメスはより美しいオスを選ぶからだろう。そうすると、美しいオスの子どもが残りますから、だんだん子どもが代々美しくなっていって、そういうふうにしてクジャクも進化したんだと、こういう説なんですね。そういう話一般を『クジャクの雄はなぜ美しい？』（紀伊國屋書店）という本に書きました。

だけど長谷川先生もやっぱりなんとなく気になって、伊豆の方にクジャクがいっぱいいるところがあるそうなんですが、そこへ行って自分でよく調べてみたんです。すると、問題は目玉模様の数でないことがわかりました。そうすると、ではどうやって選んでるんだろうか。これがまた、しばらくはわからなかったんです。

結局、選ばれたオスというのはこういうオスだった。つまり、クジャクのオスは、メスの前で自分のきれいな羽を見せる時に、ガッガッってさかんに鳴くんですよ。その行動や鳴き声を一緒に記録してみると、クヮクヮクヮクヮ程度しか鳴かないオスもいるし、カカカカカカカカカーッとものすごく鳴くのもいる。違うんですね。メスが選んだのは、非常に速くカカカカーッと叫んでいたオスでした。

それで長谷川眞理子さんは結局、『クジャクの雄はなぜ美しい?』って本を書き直したんです。今その新版が出てます。鳴き声が問題だったという内容です。ま、基本的にはメスが丈夫なオスを選ぼうとしてることは確かなんですね。

ハンディキャップ説

イスラエルにザハヴィ（A. Zahavi）という人がいました。その人がやっぱり、メスがオスを選ぶ時にどういうのを選ぶかということだとか、動物はどうやって自分に関する情報を相手に流しているのか、ということを考えていました。オスとオスが出会った時でも、「俺はおまえよりは強いぞ!」という情報を流す。その情報は嘘であってはやっぱり具合が悪いから、というんで、動物のコミュニケーション論みたいな話をやってたんです。

その結果ザハヴィは「ハンディキャップ説」という非常に奇妙な説を出しました。ハンディキャップっていうのは、いろんな重荷を背負ってるっていう意味ですね。

動物の中には、たとえば角があるやつがいます。で、大きな角を持ったオスの方が、だいたいはメスに選ばれます。シカなんかにしても角には違いがあって、年を取るとだんだん大きくなるんですね。若い時は体も小さいけども角も小さい。そういう若いオスをメスは選ばない。やっぱりでっかい角をつけたやつを選ぶ。しかもその角は重いですから、その大変なのを持って、しかも他のオスと一緒になって動いてるってことは丈夫なんだろうと、メスは判断するのでしょうと、こういう話なんですね。

まあぼくらもそういう講義を受けた時に言われました。

「君たちだって、重たいリュックサックに砂袋をいっぱい入れて、ウンウン言って持ってる男と、荷物をほとんど持ってない男がいて、その二人がほとんど同じ速さで歩いていたら、それはやっぱりこの大きなのを背負ったやつの方、あいつの方が強いんだなって思うだろう」と。

つまり、ハンディキャップの大きさによって、そのオスが強いかどうかがわかるんだという話なんですね。だから、オスのケモノってのはたいてい角が大きいとか、なんかそういうようなものを持ってます。そういうやつの方が確かにメスにモテる。そういう説です。

小さいカエルのやり方

で、カエルっていうのはみなさん知ってるとおり、オタマジャクシから大人のカエルになりますね。で、大人のカエルになったら、アマガエルなら五年ぐらい生きてます。はじめのうちはまだ小さいけど、だんだん大きくなります。小さいうちは鳴く声が甲高いです。メスはそれをちゃんと聞いてます。

もっと長年ちゃんと生きてきた、だから体も丈夫だし、遺伝的にも丈夫だし、そしてちゃんと餌も食ってるし、しかも、いろんな危険をちゃんと避けてきたカエルは、頭もいいだろう。そういうオスは非常にしっかりした声でグワッグワッグワッと鳴きます。メスはそれを田んぼの縁で聞いていて、グワッグワッグワッと鳴いてるオスのところへ行って側で見るわけですね。で、これは確かに体も大きいし丈夫そうである、ということになると、「うん、よし」と決めるわけです。

そういうカエルのことをよく研究した、アメリカのペリル（S. A. Perrill）たちは、非常に面白いことを見つけました。たとえば、若いカエルと年長のカエルがいた時には、若いカエルはこれからどれくらい生き延びるかわかんないし、能力とか力もまだわかりませんね。だからメスはそういう若いオスは選ばない。その若いオスの方は、それを知らずに一所懸命鳴いてる。

ところが、中にはこの声だったらいくら鳴いてもメスは来てくれない、ということがもうわかっちゃうやつもいるらしいんですね。しかし、それでも自分はやっぱりメスを捕まえて自分の子どもを早く残したい、来年まで生きてられるかどうかわからない、そういうことを考えるわけです。そうすると、どうするか。

そういう若いカエルのオスは、ヘンなことをやるんだそうですよ。オスなのに、メスと同じように、じーっと鳴かないで周りの声を聞くんです。そうして「あそこにはきっとメスが来るだろう」と思うような、グワッグワッと鳴いてるオスがいたら、その若いオスガエルはそのオスのところへ行って、そいつに気づかれないように後ろにじっと座ってる。この鳴いてるオスは一所懸命ですから、後ろにそんなのが座ってるのに気がつかない。

そこに、ほんとにメスが来ます。で、メスがきたらその瞬間に、後ろにいる若いオスがパンッと飛び出して、メスの背中に飛び乗っちゃうんです。カエルのメスってのは背中に飛び乗られると、そいつを乗っけて卵を産みに行くような癖がある。だから、そのメスはもうしょうがないから水溜りのところへ行って、そこで卵を産んじゃうんです。

これはぼくも見てみたけど、日本でもそういうことをやってるらしいですね。ロマンチックな人が「自然はよい。なぜならば、自然は嘘をつかないからである」ということを書いた文章がありますが、それは嘘なんです。自然も嘘つきで、そうやって嘘をついてだましてる。

なぜ動物は殺し合わない？

動物の世界では、オスとオスの闘争ってのはしょっちゅうあるわけですね。で、昔はたとえば戦争なんかの時に、「動物たちのように殺し合いをするのは止めよう」なぁんてことを言った人もたくさんいますけど、意外なことに、動物たちの中ではオス同士が殺し合うということはほとんどないんです。

なぜなんだろう。それで昔の人たちは、殺し合いをしてたら種族が結局滅びちゃうから、やっぱり殺し合いをしない動物が生き残ってきたんだ、だから今生き残ってる動物は簡単には殺し合いをしないんだ、と考えてました。

みなさん、コンラート・ローレンツ（Konrad Lorenz）という名前、聞いたことありますか？オーストリア人で、非常に有名な動物学者です。動物学者なんですが、やっぱりそうとう変わった人なんです。とにかく動物がすごく好きで、いつも自分の部屋になんかしら動物を飼ってる。庭にも飼ってる。それで、動物たちがやっていることをいろいろ研究していた。

たとえば、ローレンツはコクマルガラスという種類のカラスの雛をたまたまもらって、そいつに餌をやって育てたら、そのカラスの雛がすごくよく彼に慣れちゃった。そのカラスは成長したらいつもローレンツと一緒にいたくて、ローレンツがどこか出かけると後ろをゆっくり飛びながらついてくる。

ところがローレンツが歩いていて、その時にたまたま脇を走ってく人がいると、カラスは必ずその人についていっちゃうんですね。あるいは自転車に乗った人が来る。そうすると、必ずその人についていっちゃう。しばらく行ってから気がついて、「ごめんなさい」ってな顔をして戻ってきて、また後ろへついて飛んでるんだけども、また自転車の人が来ると、またその人について行っちゃうんですよ。

ローレンツは、動物のそんな行動は何を意味してるんだろうか、っていう研究をいろいろしました。それを書いた本が有名な『ソロモンの指環――動物行動学入門』という本です。これは早川文庫に入ってます。文庫本で安いし非常に面白い本です。ぜひ一読を薦めます、と言いたいところなんだけども、これじつはぼくが訳してるんで、あんまり薦めると具合が悪いんだけど。ぼくが訳した本の中では、たぶんいちばん面白かった本のひとつです。だけどひとつだけ、今現在になってみるとひとつだけ間違えたことがある。それは、ローレンツは、動物たちがそういうふうに一所懸命生きるのは、種族を守るためだというふうに考えたことです。

ところが、最近になってみると、まったくそうではないんですね。種族を守ろうなんて誰も思ってないんですね。でも動物はほんとに殺し合いをしないことは確かなんです。じゃあ、なぜ彼らは殺し合いをしないのか、彼らには道徳があるのか、いったいなぜなんだ、ということをみんなで考えたけど、さっぱりわからなかったんですね。

ゲーム理論

みんな、なかなかいい説明を思いつかなかったんですが、イギリスの、あれはサセックス大学だったかな、ジョン・メイナード＝スミス（John Maynard Smith）という人がいました。この人は動物行動学の先生なんだけども、数学がすごくできる人で、「ゲーム理論」っていうのを使って殺し合いにならない説明をしたんです。

「ゲーム理論」っていうのは、みなさん知ってるかな。ゲームをする時の数学的理論です。これは、だいぶ前からさかんになってきて非常に流行ったんですが、それを使ってみようということになったんです。

どういうふうにやるかっていうと、動物のオス二匹が戦う時に、戦い方を二通り考える。何通りでもいいんだけども、あんまりたくさんやると大変ですから、二通り考える。ひとつはタカ派的戦い方。もうひとつがハト派的戦い方。タカの方は、まあ英語で「ホーク（hawk）」っていうからH。で、ハトの方は「ダブ（dove）」だからDとする。

ゲームをやってる時には、たとえばこちらがこういう手を打っても、相手がそれにどう出るかによって、結果が違っちゃいますね。そういうものがゲームです。そこでメイナード＝スミスは、二匹のオスが戦いをする場合を考えて、勝ち負けの点数を与えました。勝ったらプラス十点、負けたら〇点。それから、闘争を乱暴にやって、つまりタカ派的な闘争をして、大ケガをしたらマイナス五十点。それから闘争に時間がかかった時にはマイナス三点。こういう得点を与えておきます。

タカ派は自分が勝つか、あるいは大ケガをして、もうどうにも動けなくなるまで徹底的に戦う。これがタカ派戦略です。で、ハト派の方は、自分がどうも調子悪いということになったらすぐ引き下がっちゃう。で、少し立て直しをして、また狙う。でも相手がエスカレートしてきたらすぐ引き下がる。だから、ケンカをしても大ケガをするなんてことはないわけです。

最初にまずタカ派の一匹が、もう一匹のタカ派のやつとぶつかったとする。その時の点数を計算するわけです。もちろんどちらもオスで、体の大きさとかなんとかもみんな同じで、力もおんなじとしておきますから、勝つか負けるかは二分の一の確率である。簡単にするためにそういうふうにするわけですね。そうすると、こいつは二分の一の確率で勝ってプラス十点をとる。ところが、残りの半分は負けるわけですね。負ける時は自分が大ケガをして動けなくなるまで戦うわけですから、二分の一の確率でマイナス五十点をとっちゃう。

そうすると、タカ派とタカ派がぶつかると、$(10\times\frac{1}{2}\text{点})+(-50\times\frac{1}{2}\text{点})=5+(-25)$で、平均としてはマイナス二十点しかとれないことになる。

タカ派のやつが今度はハト派と戦ったとする。ハト派は相手が攻めてきたらすぐ引き下がっちゃうんだから、絶対タカ派が勝ちます。だから、この時は必ず十点をとります。タカ派が関わる場合はこの二つです。で、両方足し合わせると（-20点）＋（10点）で、マイナス十点になる。マイナスがつくことからいって、あんまり得ではないということですね。

今度は、ハト派はどうか。ハト派とハト派が戦ったとします。そうすると、これはハト派ですから乱暴なことはしない。調子が悪かったらすぐ引き下がって、立て直しをして、また攻めていく。それでも最終的に決着がついたとすると、まあやっぱり勝ち負けが二分の一になるでしょうから、二分の一の確率で、勝った時はプラス十点をとる。けれど負けちゃう時もありますね。これも二分の一の確率だけど、この時は単に〇点をとるだけです。けれどハト派とハト派の闘争はとにかく時間がかかる。だから時間の損失という意味でのマイナス三点が必ずついてしまいます。

だから相手がハト派の時のハト派の得点は（10×½）＋（0×½）＋（-3）＝5＋0－3で、プラス二点となります。

では相手がタカ派の時は？　この時は、ハト派は必ず負けます。けれど大ケガなんかしないから、ただの〇点を取るだけ。

そこで相手がハト派の時と相手がタカ派の時とを合わせたハト派の得点は、（+2）＋（0）

＝2、つまりプラス二点となります。少ないけれどプラスになるんです。

乱暴者は栄えない

これはまあ、なんでもないい簡単な、数学なんてもんじゃないみたいな気がするけども、これを見てわかることは、タカ派というのはすごい乱暴をして、場合によっては殺し合いになることもある、大ケガをすることもあるが、そういう乱暴な闘争をしてみても、得点はマイナス十点でちっとも得にはならない、ということです。

この点数ってのは何を意味するかっていうと、自分の子孫が残る確率ですね。だからマイナスがつくっていうことは、自分の子孫が残らないっていうことです。ところが、ハト派の方は最終的にプラス二点である。だから、少しは子孫が残るんです。だから、ハト派の方が得だっていうことになります。

結局、ハト的に、その相手を殺すとかなんとかいうことが起こらないような、おとなしい戦い方をした方が得になる。だから、彼ら動物たちはほとんど殺し合いをしないんだと。殺し合いをするという乱暴なことをすると、かえって損なんだと。これはたいへん有名な研究でした。一時すごく評判になりました。

まあ、このメイナード＝スミスって先生はヘンな先生で、おもしろい話がたくさんあるんです。彼はイギリス人のくせに背広も着ないしネクタイもしない。いつもジーンズみたいなのを着てるわけですよ。それで彼はイギリスの大学のプロフェッサーですよ。偉いんですよ、ものすごく。

ある日、大学の庭のベンチに座ってたんです。そしたら、アメリカ人のえらーい教授が来た。たまたまそこに庭師みたいなのが座ってたから、乱暴な言葉で「プロフェッサー・メイナード=スミスはどこだ」って言った。そしたらその庭師が「イエス・サー、イエス・サー」っと腰をかがめて連れて行って、「教授にカギをお預かりしているものですから」と言いながら、自分の部屋のカギを自分であけて、自分の机にドンッと座って、「俺がメイナード=スミスだ!」って言ったんだそうです。

まあ、こういう人がすごいセオリーを出してくれた。これまた、たいへん面白い。ま、こういうわけで結局動物たちは殺し合いはしないということになるんです。

じゃあ今日はこれで終わりにします。

第9講◈「結婚」とは何か？

この前は、動物たちはメスを手に入れたいとか、あるいは巣をつくる場所のためにオス同士がケンカをするんだけど、実際には動物同士が殺し合うっていうことはあんまり起こらない、という話をしました。なぜなんだろう、ということが問題になりました。ひとつの説明として、殺し合いをしてたら種が滅びてしまうと。だから、そういうことをしないんだ、という話になったんです。

ところが、そのあとでお話ししたとおり、動物たちは種族を維持しようと考えているんじゃなくて、オスはオスでメスはメスで、それぞれ自分の血のつながった子どもや孫が欲しいと思ってるだけなんだと。これは、時に争いを引き起こすんだけれども、それにもかかわらず殺し合

いのような激しい争いにならないのは、前回お話ししたとおり、争いの結末を得点にしてゲーム理論で調べてみると、相手を殺すか自分が殺されるかっていうような大ゲンカはしないで、とにかく、ハト派的におとなしくやってた方が、結局は得であるという、こんな話でした。

適応と適応度

今日は適応とはどんなことか、また人間にみられる一夫一妻制の結婚についての話をします。ダーウィンが『種の起源』という本を書いたってことは、みんなは知ってるね。しかし『種の起源』を読んだ人ってのは、この中にいるだろうかねえ。正直いって、ぼくもちゃんと全部は読んでません。そういう、あんまり読んだことのない、読んだ人のない、けれど有名な本です、『種の起源』というのは。

その中でダーウィンは「生物は進化するのである」ということを言っています。が、じゃ、どうして進化するんだっていう時に、こういうことを言ってるんですね。「より適応した個体はより多く子孫を残すだろう」と。「そうすると、そのようなより適応した個体がだんだん増えていくんで、ある時がくると今までの種よりもよりよく適応した新しい種ができるだろう」。そして「こういうことによって進化が起こるのである」と言ってます。

これがダーウィンの進化論のいちばん根本です。こういう、より適応した個体はより多く子孫を残すだろう、そうすると、そのような個体が次第に増えていくので新しい種ができるだろうという、なんか長ーったらしいことを言ってるわけですよ。だから、このダーウィンの『種の起源』という本を読むのは、大変まだるっこしいんです。

でも、結局こないだから話をしてるように、たとえばオスのクジャクが自分は「きれいだろう」ってメスに羽を見せると、メスの方はそれを見て「あ、こいつはきれいだから丈夫だろう」とそのオスとつがって、子どもを産む。が、あんまりきれいじゃないオスは、メスに好まれない。だから、メスがそのオスの子どもを産んでくれない。そうすると、よりきれいな子どもが代々できていくようになっちゃうので、長いあいだにクジャクはああいうきれいな鳥になったんだ、とそういうお話です。

こういう概念から、新しい言葉ができました。わりと最近に。つまり、「適応した」っていうのは、その場にいて非常に生き延びやすい、うまくやってける、ということを普通は意味してます。

たとえば、暑いところに適応した動物ってのは、そうとう暑くってもちゃんと生きていけるし、寒いとこに適応した動物ってのは、もう零下何十度になってもちゃんと生きていける。そのように体ができてるのを「適応した」というんだけども、ここでいってる「適応した」っていうのはそうではなくて、自分の子孫をどれだけたくさん残せるか、ということなんです。自分の子孫をたくさん残せた方が、より適応していると。こういうふうな概念になるんですね。ダーウィンがいってるのは、そういうことです。

するると、自分の子孫をたくさん残した個体の子孫が当然増えていくから、種はその方向に進化していくだろうと。こういう意味のことをいってるわけなので、暑いところに棲んでるものはただ生きていけるだけじゃあダメなんで、そんな環境の中でいろいろうまくやらなきゃいけない。うまく巣をつくらなきゃいけないし、メスをうまく口説けなきゃいけないしと、いろんなことが入ってる。そういうこと全部をひっくるめて、自分の子孫をどれだけたくさん残していけるか。

で、自分の子孫をどれぐらい残せたかということをもって「適応度、フィットネス（fitness）」といいます。それを、その個体がどれくらい適応しているかっていうことを示す度合いにしようと。暑いとこでちゃんと生きていけるとか、寒いとこで生きていけるとかいう意味での適応を、英語では「アダプテーション（adaptation）」といいます。このアダプテーションっていう概念と、フィットネスって概念は、ちょっと違うんです。フィットネスは、生存しているだけでなくて、子どもを残せるかどうかっていうことです。

進化ということを考える場合、その一匹がそこにちゃんと生きていけるかどうかっていうだけでは、進化は起こらない。進化するには子どもが増えていかなきゃいけない、ということになるので、このフィットネスという概念が出てきた。これは、わりと近年の話です。まあ近年といっても、もう三十年ぐらいは経ってますけど。それでもまだ新しいので、高校の教科書なんかにはこの適応度という概念は出てきていないはずです。

それで、この適応度って言葉を使っていうと、動物たちは自分の適応度増大——自分の子孫がどれくらい残るか——を願っているんだといえるわけです。これはもうすべての動物についていえることなんです。だから、動物たちっていうのは何のために一所懸命生きてるかというと、自分の適応度を増大するために生きてるんだ、というふうな言い方ができます。

で、この適応度増大ってことを考えると、さっき話したみたいに、荒っぽい、殺し合いになるようなケンカをすることは、この目的には沿わないわけですね。荒っぽい戦いしてうまくいきゃあいいけど、ダメだった時には自分が死んじゃって、もう子孫をそれ以上残さないことになっちゃうから、損になります。だから、そういうことはしないんだということになる。動物たちがオスもメスも両方とも、自分の適応度を増大させようと願っている、ということが基本になってる。これが、われわれ動物が生きている根源的なことです。

これは、じつは植物でもおんなじことです。ここに生えてる一本の木を個体とみなしたら、この木はとにかく自分の子孫をできるだけたくさん残したい。そうすると、なるべく大きく伸びて、たくさん花を咲かせて、たくさん種子をつくって、それをばら撒く。自分の子孫が増えてくようにしたいと願ってる。そういう点で、植物もみんなそうです。

小さな草だって、一所懸命花を咲かせてるでしょ。あれはやっぱり花を咲かせて、種子をできるだけたくさんつくって、自分の子孫がたくさん残っていってほしいと願ってるからです。生物たちはみんなそうやってるんだと、こういうことになります。

すべての生物は適応度を上げる

では、どうやって自分の子孫をたくさん残すかっていうことになると、それはオスとメスとで違うという話をこないだしました。

オスは自分では子どもを産めませんから、メスに産んでもらうほかはない。そうすると、オスはとにかくできるだけたくさんのメスに迫って口説いて、自分の子どもを産んでもらうようにする。これが、オスの適応度増大の基本戦略なんです。

ところが、メスの戦略はぜんぜん違うんです。メスが一度に産む子どもの数っていうのは、じつは決まってるわけですね。だからオスは必要なんだけれども、たくさんのオスとつがえばつがうだけ自分の子どもが増えるわけじゃあない。そこで、どのオスがいちばん体が丈夫かを見ている。基本はそうです。丈夫じゃないオスの子どもを産んでも、子どもが丈夫ではないから、病気で死んだりなんかして、子孫としては育ちませんね。だから、メスにしてみれば、できるだけ丈夫な強いオスとのあいだに子どもをつくって、それで自分の子孫が残っていくようにしたい。だから、オスとメスとでは完全に食い違いがあるわけですよ。

そうすると、いろんなことが起こるわけで、非常に丈夫なオスはメスによくモテる。だから、そういうオスがいますと、たくさんのメスがそこへ来て、その子どもを産むんです。このオスにとってみると、一夫多妻ということになるんです。中には子どもが育てやすいということもあるので一夫一妻の動物もいますが、それは非常に少ない。ペアの形は動物によっていろいろ違いますが、とにかく、そのオスとメスの両方の適応度が高まるようになればよい、ということになるんです。それは植物の場合でも動物の場合でも、あらゆる生物の場合にまったく共通することです。

人間の結婚

ところが、人間だけはそこで非常にヘンなことになってます。

人間の場合には、オスとメスが子どもをつくる時は結婚ということをします。結婚、あるいは婚姻といってもいいのかな。よく「動物の結婚」と書くことがありますけども、これは非常な間違いで、結婚というのはまったく社会的な問題で、生物学的な問題じゃないんですね。

普通は男の人と女の人が出会って、一夫一妻で結婚する。で、結婚した時には何をもって結婚というかって言うと、性的関係をもっています、ということを国家に届けるんですね。ま、国家というか社会に認めてもらう。で、この男とこの女はそういう関係にある人たちです、ということを社会の人に認めてもらう必要がある。日本の場合には、それを「婚姻届」といって、紙に書いて出すことになってます。

そうすると、その二人は夫婦であるということになって、夫の収入の一部を妻がどうするか、財産の一部はどうなるとか、いろんなことが出てきますね。動物たちは財産に似たものは持ってますけども、それは縄張りの広さがどれくらいで、食べ物がたくさんあるとか、そういうふうな話なんです。それはその個体が死んじゃったらもう終わりなんですが、人間の場合には、財産をいっぱい持った人が死んだ時に、その財産は誰のとこに行くかっていうことは必ず問題になりますね。その時に、結婚してるかどうか、そして結婚した夫婦のあいだの子どもであるか、とかいうことが問題になる。この結婚という形式は、まさに社会的、非常に文化的なものですから、生物学的な問題じゃあない。

結婚には、ものすごくヘンなことがたくさんあります。要するに一番大きな問題は財産なんですね。人間以外の動物は財産なんて持っていませんから、こういうヘンな形式をつくる必要はなかった。でも人間の場合には、この人とこの人はそういう関係にあって、この子どもが誰と誰の子どもである、ということをはっきりさせとかないと、いけないというふうになっちゃってる。で、そのために結婚という形式をつくった。

一夫一妻制は「進んでいる」か？

昔ヨーロッパのキリスト教徒たちは、動物はたいていは一夫多妻である、しかし人間は一夫一妻、だから人間というのはキリスト教の段階になって、一夫一妻という形にまで「進んだ」んだと、こういうふうに考えている。

たとえばトロブリアンド島という島が太平洋にありますけども、そこに住む人々はクリスチャンじゃないから、ヨーロッパ人からみたらば非常に原始的な人間だと思ってるわけですね。実際には原始的でもなんでもないんだけど、ヨーロッパの人はそう思ってる。

その原始的な場所に行って調べてみると、このトロブリアンド島では一夫多妻である、というようなことを報告した学者がいっぱいいます。あるいは、男と女が結婚という社会的制度ではなくて、非常にたくさんの男とたくさんの女が入り混じるように交わって子どもを残してるんだと。それがいちばん原始的な形なんだと。その原始的な形がだんだんに結婚という一夫一婦制をはっきりするような具合になっていったんだと。そしてキリスト教的段階になった時に、一夫一妻にまで進化したんだ、という。こういうように考えた人がいるわけです。

当時のヨーロッパ人は、このトロブリアンド島だとか、またそういうような南の方の島へ行って、そこの現地人の様子を調べて、ここではみないいかげんで、結婚なんて形式はとっていないというふうな本をいっぱい書きました。ぼくが大学生の頃に読んだ本にも原始人類の思想とか感性とか、そういうような話がいろいろありました。

ところがよく調べてみると、それは完全な間違いであったということがわかってきました。アメリカの人類学者ルイス・ヘンリー・モルガン（Lewis Henry Morgan）っていう非常に偉い人がいるんですが、すごいえらい間違いをしています。どういう間違いかっていうと、どこかの島へ行ったら、そこでは夜になるとある場所へ男と女がたくさん来て、そしてそこで交わるんですね。セックスをするんです。それはもう誰と誰がということは決まってなくて、男と女だったら交わっていいんだということのように、モルガンは見ちゃったわけです。

ところが、その人々は一年のうちに一日か二日だけ、そういう宗教的なある種のお祭りの日っていうのを持ってるんですね。その時だけは夫婦とかなんとかは関係なく男と女が交わることが許されているわけです。それによって今年も穀物がたくさん実ってくれるように祈る意味で交わる。それは本当に交わってるかどうか、それもよくわからない。ただ見てると、そういうことのように見える。それを見てモルガンが、「ああ、やっぱりここは原始的なんだ」と思っちゃった。それから、一夫一妻の結婚ってのが、人間の高度なしきたりなのだというふうになりました。そうでないのはやっぱり遅れてるんだ、というふうになっちゃったんです。

制度としての結婚

そういうお話がたくさんあるんですが、じつはやっぱり結婚っていうのはある種の形式なんですね。要するに、ある人の財産をどうするかっていうことのためのシステムなんです。このシステムがないと、いったいこの人の財産をこの人が死んじゃった時にどこに分けていいかがまったくわからない。だから、この人の奥さんは誰だっていうこと、結婚した相手が誰だって決まっていれば、まず、その資産の一部は奥さんにいく。そして残った分がこの二人のあいだにできた子どもにいく。これは周りの社会の人がみんな認めるわけです。そうしておくと物事がちゃんとおさまる。だから結婚という制度をつくった。

いろいろ調べてみますと、大昔から、人間は結婚という制度を持っていたらしい。そういう今いった未開な土地に行っても、ちゃんと結婚っていう形式はあるんです。一人の人と一人の人が結婚してる。男と女が結婚してる。で、その直系の子どもは誰かっていうことも、周りの人はみんな知っている。そういう状態なんですね。

こうしたことに関心のある人たちと話をしてて笑ったんだけども、昔は人間は多婚であったと。要するに、ある人とある人が夫婦である。この人はこの人とも夫婦である。この人とも夫婦である。で、この女はこの男とも夫婦である。そういうふうなことを「多婚」っていうんですが、よく調べてみると、人間がそういうふうに多婚であったことは、歴史的に一度もなかったらしい。

しかし、昔から今まで時代を通して、この世の中ってものは多交でなかったことは一度もない。今だって、結局男と女ってのは夫婦ということと関係なく適当に交わってるわけですね。だから多交なんですよ。

で、いざ財産が絡まる場合には結婚っていう形を必ずとる。絡まない場合には、昔から今までずーっと多交である。ですから、結婚という形式は、まさに社会をちゃんとしていくための、あるいは社会的地位を示すとかですね、そういうことを決めるための社会的システムであると。で、それは人間にしかないんですね。

そうするとね、社会的システムですから、非常にヘンなことがいっぱい出てきます。たとえば普通、結婚っていうのは、男と女のあいだでしますね。ところが、ある土地では、女がいて、その女に財産がある。そうすると、その財産をなんとかするためには結婚をしておかなきゃいけないわけです。その時に相手が女でもかまわない。つまり、女と女の結婚っていうことがありうるんです。そして、この女と女は結婚して夫婦の間柄になりますので、財産はどっちかが死んだ時はどっちかにいく。それが決まっている。そういうことがあります。あるいは男がいた時に、もう一人別の男と結婚してもいいんです。結婚したっていう形式になってればよい。

人間に特有な結婚

それから、インドだったと思うけど、非常に不思議な結婚があるそうです。インドにはカーストっていうのがあって、要するに社会的なクラスがあるんですね。ある女の人がいて、同じカースト同士でなければ結婚はできないというしきたりがあるもんですから、その女とちょうど見合うぐらいの年頃で、そしてあんまり近い親戚じゃない人で、となると、そういう男がいないこともある。その近辺のところにはいないということになってしまうと、どうするかっていうと、非常に不思議な結婚をします。

つまり、存在してない、たとえばシンさんならシンさんっていう男を、勝手につくっちゃうんですよ。こんな人は実在していないんですよ。でも、そのシンさんっていう人が、ちょうどこの女の人の年齢とか家の格からいって、いいんだということにしちゃう。それで結婚式を挙げます。

そうすると、まあみなさん結婚式に来るんですね。来るんだけど、もちろん新婦はいるけど新郎席には誰もいない。当然ですよ。そんな人ははじめからいないんだから。でも、みなさんその話を知ってますから、新郎席に誰も座ってなくても誰も不思議に思わない。で、それから結婚式が行われてこの二人は結婚したことになると、この女の人は社会的にはシン夫人になる、という形になるんです。

それから今度は、そのシン夫人のところに実際の男が来ます。その男の人はだんなでもなんでもないんだけども、奥さんっていうかその夫人とするべきことをします。そうすると、当然子どもが生まれます。つまり、この女の人は女一人で生きていて名目的に結婚してるけども、その相手の人はいない。男は存在していないことがわかってる。にもかかわらず、この女の人に子どもが生まれるんです。ずいぶんヘンな話だけども、まあ実際にはありうる話だ。その子どもは、この産ませた男の子どもにはならない。シンさんという、存在していない夫の子どもになるんです。そういうね、まったく形式的な結婚というのがあります。

このように、世界中にはさまざまな形の結婚がある。結局それぞれは、要するに財産の行き先を決める、その子どもの地位を決める形式なんですね。だから、こういうものは人間以外の動物にはまったく存在していないんです。

で、子ども向けの本を書く時に、動物たちのオスとメスがつがいになることを「動物たちが結婚します」って書くことがありますが、これは絶対やっちゃいけない。結婚って言葉は人間の、今言ったみたいなこういう形式にだけ使われるべき言葉で、生物学的にみてオスとメスがどうするとか、子どもが生まれるとかいう話とは、じつはなんにも関係がないんです。

だから、形式上は女と女が結婚してもいいし、男と男でもよい。同性愛同士の人の結婚を認めろとかありますが、あれは、生物学的にはよくわからん話なんだけども、社会的な形式としては、ありうるんではないかという議論をやっています。人間ってのはだから、非常に不思議なものをつくりだして、それがあたかも実在するがごとくにしながら、世の中をなんとかしていってるとこがあるんですね。

ああ、もう時間か。この次は、人間という動物にあった社会とはどんなものか、っていう話をしたいと思います。

じゃ、今日はここまでにしましょう。どうもご苦労さまでした。

第10講◈人間は集団好き？

さて今まで、動物たちの社会の話をいくつかしましたね。集団の大きさはいろいろだし、一匹ずつで生きてる動物もいる。いろんな動物がいますけど、じゃあ人間っていう動物は、どういうふうな生き方をするのがいちばん当たり前な格好なんだろう。

こういうことを考えてみると、どうも人間というのは他の動物とはだいぶ違うらしいな、という気がしています。これはあちこちに書いてないんですけど、ぼく自身いろいろと長年考えていて、やっぱりそうじゃないかという気がしているので、今日はそのお話をします。

危険な草原へ

以前にも話したとおり、ホモ・ネアンデルタール人や、ホモ・サピエンスと呼ばれているわれわれ現代人の祖先は、どうも今から二十万年から三十万年前にアフリカで生まれたらしい。われわれの近い親類、ゴリラやチンパンジーという類人猿は、みんな森に棲んでるわけです。現在のアフリカには、東側の方では森が非常に減っちゃってるんで、おもに西アフリカの方の森にいます。

アフリカの森というのは、最近はものすごく減っちゃってるらしい。これは人間が減らしたってこともあるけども、人間が現れる前には人間のせいで減ったんじゃないんで、気候が変わっていったんですね。乾燥したり寒くなったりとか、そういうことで森林が減っていったらしい。その頃に人間の祖先がアフリカに現れた。

森というのは大変いいところで、木がいっぱい生えてますから隠れるのにも非常に都合がいい。果物のなる木もいっぱいあります。ところが、森林が非常に減ってしまうと、たぶん森の人口が混んだでしょうね。混んでるというのはヘンだけども、チンパンジーはいるはゴリラはいるは、ほかにもサルがいっぱいいるっていうことで、それで人間の祖先たちは、もう森から出ちゃおうということになったらしい、どうやら。

ですから、化石は森の中では見つからなくて、むしろ東側の方の草原で見つかってる。ということは、ホモ・サピエンスの祖先というのは、どうもアフリカの草原で暮らしてたらしいんです。

今から二十万年ぐらい前のアフリカの大草原にはもう、ライオンとかハイエナとかヒョウとか、その他の怖い動物もいっぱいいたわけです。そういう中に人間の祖先が出てきた。人間の祖先ってのは、角があるわけではないし、鋭い爪があるわけでもない。牙があるわけでもない。猛烈に速く走れるわけでもない。要するに、どうしようもないくらい防衛力っていうか武器がない動物だったはずなんです。それがヒョウとかライオンとかハイエナとか、そういう怖い動物がいっぱいいる中で生き延びてきたんです。

そんな怖いところで、どうして、こんな武器もなんにもない動物がなんとか生き延びてこられたんだろうということを、ぼくはある時期、非常に不思議に思ったんですね。

さまざまな動物集団

じゃあ他の動物はどういう格好になって生きているのかというと、いろんなのがいますね。数匹だけの小さい集団をつくっているのもいますね。たとえばイヌは――この頃、野良犬がいなくなっちゃったけど――野良犬っていうのはだいたい五、六匹の集団をつくってるんです。

野良犬がたった一匹だけで生きてることもあるけども、本来イヌってのはだいたい数匹の群れで生きてるらしい。

イヌの祖先はオオカミです。オオカミは五、六匹の群れをつくってる。リーダーがいて、そのリーダーの指示の下に、五、六匹のオオカミたちが獲物を攻めたり逃がしたりしながら集団として関与してるんです。それで、狩ったものはみんなで食べる。そういう動物です。

それから、十匹から二十匹というかなり大きな集団をつくってる動物もいます。ウシとかウマとかいうのが、だいたいそうですね。野牛なんかもみなそうです。それから、ニホンザルはもうちょっと大きくて、三十匹とか四十匹の集団をつくってます。

群れ全体がうまく生きてくためには、自分以外に「誰が群れの仲間なのか知らねえや」っていうわけにはいかないらしいんです。リーダーが誰だっていうことも知ってる。そういうふうにしないと、群れはめちゃくちゃになっちゃうんです。だから、だいたいの動物は、ある大きさの群れをつくるけども、それ以上大きくはならない。

群れの構成員

で、その群れの中にはどういうやつがいるかっていうと、これもまた動物によっていろいろです。ニホンザルは、オスザルがいてその中にボスがいて、ボス以外にサブボス、ボス見習いとかね、そんなふうに人間が呼んでる連中がいて、その周りにメスがいます。そして、若者というのがいて、それから子どもたちがいる。これが全部集まって、何十匹かの集団になってる。それが全部がそうではないにしても、家族のようなものになっている。

ゴリラのような動物は、これはだいたい五、六匹の集団をつくっていますが、彼らは家族ともいえるけど、なんともいえない。つまり強いオスが一匹いると、そのオスがメスを自分のところに呼んでくるわけ。そうして、そのあいだに子どもができる。そうすると、結局そのオスゴリラと、そのメス二、三匹と、そのあいだにできた子どもと、全部が家族じゃないけど、要するにある種の家族集団をもとにした集団をつくっていて、それがゴリラの群れなんです。

ところが、ゴリラに非常に近いチンパンジーは、そういうことはやってません。オスのチンパンジーが十匹ぐらいいて、それからメスがいて。メスはオスとは違うところにいます。そのほかにまだ子どものチンパンジーがいて、それからもう大人になりかけのチンパンジーがいてという、そんなふうな具合の集団を全体がつくっていて、それで、まあせいぜい五十匹ぐらいの集団ですね。そういうのをつくってる。それ以上その集団のメンバーが増えてくると、必ず群れの中で悶着が起こって、要するに群れが分裂してしまうんです。

それから、ウシとかウマみたいな動物になると、ほとんどが家族ですね。家族といってもやっぱり母系家族。メスがいて、その娘が何匹かいます。ほとんど全部がメスです。ああいう群れのオスはどうしてるかっていうと、そのメスたちの群れの周りにいるんですかね。そういうことをしてる。

それから最初の頃に話をした、ハヌマンヤセザルとかライオン。これはオスが一匹、もしくは二、三匹いて、メスがくっついたハーレムをつくっていて、そのハーレムごとに動いている。で、そのハーレムから出てきたオスは、また別のハーレムを襲って乗っ取ってと、こんなことをやってるわけです。だから、ハーレムが単位になってるんですね。

群れの組織

じゃあ、その群れの中はどういう組織になってるかというと、これまた動物によっていろいろなんです。

たとえば、テレビや写真で鳥が大群をつくって飛んでいるのを見ることがありますよね。あの鳥の大群っていうのは、これはもう中に組織があるのやらないのやら、わからないです。とにかく集まっていると、タカとかワシとかハヤブサとかが襲ってきても、あんまりワーッといるから、どれを狙おうかと思ってるうちに、群れ全部がどっかに行っちゃうんですよ。そうして群れにいるやつは結局助かる。そういうことで、身を守るために大きな群れをつくってるんです。だから、鳥の群れの中には組織もないし、リーダーもいないんだそうです。

同じようなことをしてるのが魚ですよね。水族館へ行くと魚の群れが何百匹も集まって泳いでるのを見ることができますけど、あれもそういう意味があるわけです。魚が何百匹も集まると、一見大きな魚みたいに見える。それを食う魚は、どいつにしようと思ってるうちに、もうどうしていいかわかんなくて結局捕まえられないということもあるわけですね。

それから、アフリカにはヌーという動物がいます。これはウシの仲間ですけど、かなり大きな動物で、これが何千頭というものすごい大群をつくって移動していきます。これはまさに大群をつくってるけれど、その中にはリーダーもいないし、群れ全体としてどこに行くとかいうことを決めているわけでもない。そういうものらしいんですね。

そういうことをやっているのは、北の方ではトナカイです。これが北アメリカのカナダの大平原の辺りで、すごい大集団をつくって季節に応じて移動しています。これも別にその群れの中に組織があるわけではないし、リーダーがいるんでもない、そういう群れらしいです。

肝心の人間の集団ていうのは、どういうものだろうか。これはどうもよくわかりませんが、アフリカで現在生きてる人たちだとか、化石だとか、そんなものをいろいろみると、これは二百人から三百人のかなり大きな集団であったらしい。それでやっぱりリーダーは一人か複数かは知らんけどいたわけです。

これだけの大集団ができるということは、それなりに頭がいいってことなんですよ。つまり二百人三百人がそれぞれみんなお互いに知ってなきゃいけないわけですね。人間はそれができた。だからそういう大集団をつくることができた。この中にはオスもメスも、とにかく男も女もいます。

家族を含む集団

こういう大集団をつくっていると何がいいのかというと、まず敵にたいして身を守ることが非常にやりやすくなりますね。たとえば人間が一人か二人で歩いてる時にライオンが五匹出てきたら、これは食われちゃいますね。ところが百人もいたとしたら、五匹ぐらいライオンが出てきたって、みんなが石を投げたりしたら、ライオンは逃げちゃいますよね。だから身を守れるわけです。

逆にいうと、人間は草っぱらにいたわけですから、果物なんてものはそう簡単にはないので、やっぱりそこにいる動物を捕まえて食べ物にするほかはない。動物は動いてますから捕まえるのは大変なことなので、捕まえる時にこっちが百人も二百人もいれば、みんなで囲んで捕まえるとか、いろんなことができる。だから人間はそういう大集団をつくったから生きていけたんだろうということが、まず第一です。これはまあ考えられますよね。

次に、この人間の集団はどういう集団であったんだろうかということですね。男と女がいるということは確かです。それから当然子どももいます。人間はかなり昔から家族をつくってましたね。だからオスがいてメスがいる。人間の子どもは、今は非常に少ないけれど、十五〜六歳ぐらいから子どもを産み始めていけば、十人ぐらい子どもがいることになります。それはひとつの家族なんです。さっき言った何百人という大集団は、そういう家族に分かれていたんだろうと。つまりひとつが十人ぐらいの家族だとすると、二百人の大集団というのは家族が二十あったということでしょう。そういうような、ほかの動物にはあんまりないようなかたちの集団をつくっている。これも人間の大きな特徴なんですね。

それがどういうふうに住んでいたかというと、たぶん全部まとまって生きてたんだろう、というふうにぼくには考えられるんです。みな一緒にいるわけですから、そういう場所がないといけない。そういう場所はたぶん、昔からよく話にあるように、大きな洞穴だったんじゃないか。大きな洞穴の中に、何百人という人間が集団で、かつ家族ごとに住んでる。そういうもんだったのではないかなあと思うわけです。

そうすると、まあ連中、男も女も、それから子どももいますから、子どもたちは自分の家族の中で育てられます。小っちゃな赤ん坊は自分の家族の中で、その母親から乳をもらって飲んでる。ちょっと大きくなると、まあその辺でいろんなものを食べて、ということになる。

集団の中で育つ

人間集団は食べ物を探さなきゃいけませんから、男たちが狩りに行きます。家族の中から大人の男がみんな出てきて、とにかく二十人とか三十人ぐらいの群れをつくって行ったんじゃないでしょうかねえ、きっと。で、まあ獲物を狩って、それをかついで洞穴の中に帰ってくる。それをみんなで分けて、女たちが、あるいはみんなで料理をして、みんなが食べる。

そうすると、自分も狩りに行ってみたいと思う子が出てくるわけですよ。「狩りに連れてって!」と自分のお父さんか、あるいは近くのおじさんに言いますね。そうすると、「お前はまだ小さいからだめだ」と言われてがっくりして、またしばらく待ってる。そのうちに「そんなに行きたきゃついてこい」って言われて、もう男の子は喜んで狩りについてったんじゃないだろうか。

狩りについて行って一緒にいたらば、獲物がばあっと飛び出してきた。そうしたらその男の子は獲物が飛び出してくるのを初めて見たから、喜んで「わあ、獲物が出たあ!」とか言って叫ぶわけですよ。そうすると周りのおじさんが、「ばかあ、そんな大きな声を出したら獲物が逃げるじゃないかあ!」と言って怒るわけですね。それでその男の子は、そうか、狩りにきた時は獲物がいたからって大さわぎしたりしたらいけないんだってことをぱっと覚えちゃう。これは学習ですね。非常に大事な学習をします。

それから後は、その獲物を大人たちがいったいどうやって捕まえるかっていうのを見て、なるほど、ああいうふうにするのか、こうやるのかってことをだんだん覚えていくわけです。それでしばらくすると、かなり立派な狩人になっていたんじゃないかなっていう気がする。

その時に大事なことは、父親ではなくて、近所のよそのおじさんが子どもに言うんです、いろんなことを。「だめだあ」とか、「うまいぞお」とか、ほとんどね。要するに家族の中だけで育っていくんじゃなくて、近所のいろんなおじさんたちの中で育っていくということを、どうも人間という動物はやってきたらしい。

一方、女たちはどうするかっていうと、女たちは狩りには行きません。これはいわゆる採集といって、あっちこっち歩いてタケノコだとか木の根っこのような食べられる植物を集めていたらしいです、どうやら。

いわゆる狩猟採集民で、英語ではこれを、狩りをする連中がハンター（hunter）で、採集をするのが「集める人」という意味のギャザーラー（gatherer）ですから、ハンター・ギャザラーズ（hunter-gatherers）といいます。

で、女たちは何十人か集まってギャザリングに行くわけですね。そうすると、女の子でも大きくなった子はやっぱりお母さんと一緒にギャザリングについて行きたいわけですね。まあそのうちに来てもいいってことになるでしょう。なったらばもう喜んでついて行くわけです。

そうしているうちに女の子たちは、タケノコみたいなもんを探す時はどこへ行ったらいいのかとかいうことを、お母さんや大人の女たちから習います。教えてくれるかどうかはわかりません。自分たちがそこへ行くんです。そういうところについて行って、それを覚える。そういうふうなかたちで学習をしていって、まもなく娘たちは非常にいいギャザラーになるのでしょう。そういうふうなことをしていたんだろうと。

人間間のコミュニケーション

さらに、人間が集団でいるっていうことの中には、もっと別の意味もありました。狩りの仕方を学ぶとか、あるいはギャザリングの方法とか場所を学ぶとかいうのは、さっきみたいな具合でいくんだけども、この大きな洞穴の中にはあちこちにいろんな家族がいるわけですね。

そこにはいろんな子どもたちもいて、いろんなおじさん、おばさんもいるわけですよ。こっちの家族には怖いおじさんがいたり、こっちの家族にはいいおばさんがいたり、中にはまた意地の悪いおじいさんのいる家族もあるだろうし、嫌なおばあさんのいる家族もあるだろうし、いろんなのがその辺にいるわけですね。

子どもたちが洞穴の中から外に出るためには、いろんな家族の間を通っていかなきゃならない。結局そういうおじさん、おばさんとか、別の家族のお兄さんお姉さんたちとどうしても接触するわけです。そこを通って行く時、こっちが「こんにちは」って言ったら、むこうもむっとしてるわけにもいかないから「こんにちは」って言うかもしれない。そしたらお互いに通じる。

「こんにちは」の仕方にしても、ほかの家族の兄さん姉さん、あるいは弟ぐらいだったら、まあ一応「やあ」でいいのかもしれないけど、偉いおじいさんだったらきちんとした「こんにちは」をしなきゃいけない。そういうふうにして、どういう人とどう付き合うかということを覚えないといけないんです。

どうも人間ってのは、そういうことを知ってないといけない動物なんじゃないでしょうか。それは、人間がそういうふうにして生まれてきた動物だからです。いろんなことを学習するには、親だけじゃなくて、まったくの他人からいろんなことを教わる。教わるというよりも、他人がやってることをみて自分が取るんです。その取るってことが非常に大事になります。

こうやって学習をする能力はどの動物にもあるんじゃなくて、かなり頭の発達した動物にしかない。つまり観察学習という、他人がやってることを見て学習することをしてきた。そういうふうに考えると、人間が昔から大集団で暮らしていたっていうことには、非常に大事な意味があるということがわかってきます。

つまり大集団でいるということは、自分の身を守ったり、あるいはなるべく安全に狩りをするということのためには絶対に必要だった。だから生き延びてこられた。これがひとつ。

ところが、それと同時に、そういうことをしていると、そのほかの人々とどう付き合うのかということを学ぶことになるので、大集団を維持していくことができるようになったということが、もうひとつ。

多くを学ぶ

そしてもうひとつ、三番目に大事なことは、観察学習をするチャンスが多いということです。ガンの場合には、雛は自分の母親の行動しか見られないわけです。ほかのお母さんが何をしているのかは見られない。ところが人間は、さっき言ったように、いろいろな家族がいて、しかも人間というものはいろいろな変わったことをする人がいるわけですよ。そういうのを見ていて、子どもたちはそれと付き合っていくと同時に、そういう人々がやっていることを見て、そして不審に思うわけですね。

「あの人は何か変なことをやっているけども、あれは何をやってんのだろうか」とこう思う。あるいは、「あの人はあんなものを食っているけど、食べられるのかな」と思ったりする。そうしたら「ちょっとぼくも食べてみようか」ということになるので、食べてみて「あ、これはうまいや」ということになることもあると同時に、「なんだ、これはまずいな。あの人はなんでこんなものを食べているのだろうか」ということもあって、「自分としてはもう食べない」ということにもなります。ガンの雛どころではなくて、いろいろなことを学んじゃうわけです。

人間たちはまた、たぶん時間がきっとあっただろうから、いろいろなことをやってみたのでしょう。そうすると「あんなことをしている人がいるけど、あれは何になるのかな」と思って見ていると、「あれ、なんだかけっこう面白いものができてくるな」とかということもあったかもしれない。そうして実際にやってみると、「ああ、なるほど」ということになるし、あるいは、それでやってみようと思ってやってみたけれど、どうもうまくいかない。「どうしてうまくいかないのかな」と思って、そういう人々を見ていると、誰かがある時に、ぱっとうまいことやっているんですね。「あ、あれがコツなのだ」ということがわかりますね。それでコツを学んじゃう。

そうしていくと子どもが、いろんな変わった人がいる中で、いろんなことをやっているのを見ながら、いろんなことのきっかけを得ていくわけですね。それは教えてもらったもんじゃないんです。こちらが取ってくるんです。それでどんどん取りながら、いろいろなことを勉強していく。そういうことに、どうもなっているらしい。

それが結局、人間がいろんなことを学べるひとつの大事な根拠だったのだろう。そういうことを考えてみますと、人間という動物は、どうもほかの動物とは違うかたちで、大集団をつくって生きていくことが大事な動物らしいということになります。

今ぼくが持っている結論は、そういうところなんですね。だから大学などという学校をつくってみて、こういういろんな人がいて、そしていろんな友だちを見てると、いろんな変わった人がいるわけですよ。変わった人のやっていることなんてのは、何かの時に「あいつは、なんであんなアホなことをやってんだ」と思っている人もいるかもしれないけれど、「へえ、なるほど」と思うこともある。一人だけで育ったら、そういうことにはならないですよね。だからそれは、大変にありがたいことなのでしょう。

今現在われわれは、二十万年前のハンター・ギャザラーであったわれわれの祖先よりは、はるかに高級な生活をしているわけです。非常にいい生活をしているのです。もうさまざまに便利な道具があって。だけど本当に、そのハンター・ギャザラー、二十万年前のハンター・ギャザラーと同じように本質的なことを手に入れているのだろうか？　ぼくはやっぱり気になるんです。

現在の人間の社会

たとえば、これもよく新聞などに出ているし、最近の教育法改正にも書いてありますけども、とにかく子どものしつけというのはちゃんと家庭でやれということになっているんです。ところが、はたして人間の家庭というものは、そういう意味でのしつけを教えることに向いたものなんだろうか。

ハンター・ギャザラーは、そういう家庭だけでもって教育を、しつけをしてこなかったわけですね。周りのいろんな人の中からいろんなことを学ぶようにしてたわけです。それができる状況だった。

ところが今は、家族のプライバシーというものが非常に大事だとなっているもんだから、一軒一軒の家は、家族だけで住んでいます。それも、おじいさんやおばあさんは邪魔だということで、どこか別のとこにおいちゃって、夫婦と子どもだけでいる。いわゆる核家族になっているところがたくさんある。それが、また立派にできた団地とか、鍵もちゃんとかかる、やたらに人が入って来られない、本当に家族のプライバシーがしっかりした中で育っている。それが非常に優れたことだというふうに、みなさんは思っているわけなんですが、本当にそうなんだろうかと。

たとえば、その家族の中には、お父さんが一人、お母さんが一人いるわけですね。この一人というのは、本来ならば数百人いるうちの一人です。だから数百人の平均値をとったとすれば、その平均値から、このお父さんならお父さんは絶対にずれています。いい意味でも悪い意味でもずれています。お母さんも同じで、数百人の大人の女の中からみれば、その平均値から絶対にずれています。

家の中には、ずれた男一人と、ずれた女一人しかいないわけよ。そうすると、人間の大人の生活全体というものを、ちゃんと学ぶことが本当にできるんだろうか。絶対ずれたものになってしまうのではないかと思えるわけです。それを家庭でちゃんとやって、厳しくしつけていったら、ますますおかしなことになっちゃうかもしれない。というようなことを、どうしてもぼくは感じるんですね。

それでも「学校に行きゃあ、いろんなやつがいるからいいじゃないか」と思うけども、学校に行くと今度は、学校というのは教育の場ですから、同い年の子どもをそろえます。五十人、百人といるんです。けれど年が違うと、もうそれはわからない。

しかもこのごろ小学校では、ちょっとした進学校なんかになると、同い年の子どもだけども、成績によってクラスを分けますね。そうするとますます均一化しちゃうわけです。そこでずっと育つわけです。それは、ハンター・ギャザラーの時代にはなかった話だろうと。それでいいのかな、ということをどうしても感じちゃいます。

そういうことを考えてみると、家庭だけでしつけをするという、そういう文科省の方針、そして今の学校制度とか、あるいは家庭だとか、今のそういう状況というものは、何か人間本来の動物としての姿とは、どうも違ったことを相当に持っているんじゃないかという気がします。それで学校に行くと、今度はもう世の中の人とは切り分けられてますから、普通の人が何をやっているのかということはわからない。ところが実際には世の中には普通の人がいっぱいいるわけですよ。それで世の中がもっているわけです。こういうことでいいんだろうか。

人間という動物は、かなり昔から非常に変わった大集団をつくって、その中でいろんな変わった人たちと付き合いながら、いろんなものを学び取って覚えていくということをやってきた。自分の子どもであろうがなかろうが、「だめなものはだめ」と言ったり、「それはよくできた」と言って褒めたりとか、そういうふうなことを、ずっとやってきたんじゃないか。それが、世の中というものをつくってたんだろうという気がするんです。

人間はどういう動物かということを、この講義のテーマにしています。人間という動物は変わった動物で、まっすぐに立って歩いているとか、ケモノのくせに毛がないとか、おっぱいがばかに大きいとか、きれいであるとか、いろいろとヘンなことを言いましたけれど、大集団で生きるという動物なのだというのも人間という動物の特徴のひとつです。だから人間は集団になっていることが好きです。わりと好きです。

時間がちょっと早いけど、なにか質問はありますか。今日は、ここまでにしましょうか。

第11講◈なぜオスとメスがいるのか？

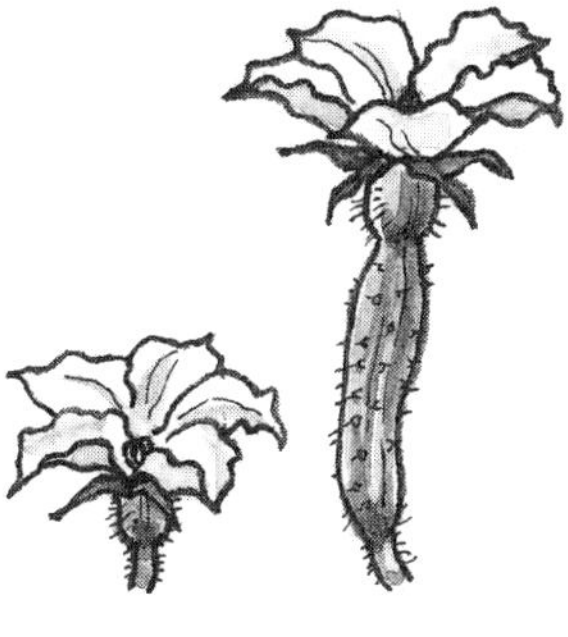

今日は、この間もちょっと言いましたが、動物にオスとメスがいるっていうのは当たり前のような話なんだけども、そもそもなんでオスとメスがいるんだろうか、という話をちゃんとしたいと思います。

遺伝子を残す

男と女がなぜいるのか。いなかったらつまんないだろうし、いるから楽しいってこともあるんだけど、男と女がいるためにややこしくなってることもいっぱいあります。

そもそも他の動物でもオスとメスがいますね。なんでオスとメスがいるんだということは、さっきは当たり前だと言ったけども、本当に当たり前なのかっていうことを問うた生物学者は結構いるんですよ。

動物は、オスもメスもとにかく自分の血のつながった子どもをできるだけたくさんほしい、その子がまた孫をつくっていってほしい、と思っているということです。自分の血のつながった子どもは、要するに自分の遺伝子をもった子です。自分の遺伝子をもった子どもがほしい、ということなんです。自分の遺伝子をもった子どもは大事にして育てます。それが生き残っていくので、種族もつながっていくのであって、種族を維持しなきゃいけないとは誰も思っていない。

そう考えると、いろんなことが理解できるんですね。じゃ自分の遺伝子をもった子孫をできるだけたくさん残すためには、どうしたらよいかと言ったら、みなさん、アメーバは知ってますね。見たことはあんまりないと思うけど、聞いたことはあると思う。アメーバっていうのは原生動物ですが、体が二つに割れて二匹になるんですね。だから、どっちが親だか子だかわからない。で、その二匹が大きくなると、また二つに割れる。しばらくすると、またそれが二つに割れる。どんどんどんどん二つに割れて、増えていきます。

二つに割れる時は、自分も相手もおんなじ遺伝子をもってる。自分の遺伝子をもった子どもができるわけですね。自分の遺伝子をもった子孫をできるだけ早くたくさん増やすには、体が二つに割れていくという方法がいちばんいいはずだ、ということになります。実際アメーバはそれをやってます。

アメーバには性がないんですね。オスとかメスとかいうセックスがない。無性的に増えていく、だから無性生殖です。そうすると、自分の遺伝子をもった子孫がどんどん増えていくので非常にいいんじゃないか、と思えるんです。

やっかいなオスとメス

ところが、ほとんどの動物にはオスとメスがいます。そうなっちゃうと、今度はオスとメスの出会いはどうでしょう？　ネコみたいにそこらじゅうにオスもメスもいればいいけど、トラみたいに広いとこに一匹だけいて、メスはまた隣りの広い何キロメートルも離れたところにいてということになると、オスとメスが子どもをつくる時に出会うのは大変です。せっかく出会っても、今度はメスの方はオスを選びますね。フィーメイル・チョイスっていうことをやります。話は非常に複雑になる。それなら、無性生殖した方がよっぽど早いじゃないかと思うのに、そうではない。オスとメスがある。

動物だけでなく、じつは植物もそうですよね。イチョウの木はオスの株とメスの株が違いますよね。それでメスの木には雌花が咲き、オスの木には雄花が咲く。雄花の花粉が雌花まで飛んで初めて種ができるんですね。だから、メスのイチョウの木ばっかり植えておいても、絶対に種はできない。

たいていの植物はひとつの株にオスとメスがあって花を咲かせる。でも中にはヘンなやつがいて、ひとつの株で雄花と雌花を別々に咲かせる植物もたくさんあります。雄花は花粉を出す。雌花は花粉をもってなくて種をつくる。たとえばキュウリは、雄花と雌花があって、雄花がいくら咲いたってキュウリはできない。雌花の方は、花のもとにキュウリの小さいのがついてます。ついてますけど、これがちゃんと大きなキュウリになるためには、花粉がつかなきゃいけない、その花粉は雄花から来なきゃいけない、ということになってる。

多くの植物は雄花と雌花の区別はなくて、ひとつの花の中におしべとめしべを持つ。おしべの方は花粉をつくって、めしべにその花粉がつくんですね。ところが、自家受粉という言葉がありますね。ひとつの花の中で、おしべから出た花粉が、その花のめしべにつく。これをやれば種はできるはずなんですが、たいていの植物では、いろんな仕組みでそれが起きないようになっています。別の花から花粉をもってこなくてはいけないんです。そういう植物は昆虫を利用して花粉を運ばせる。ハチとかチョウチョにね。

ハチやチョウチョを呼ぶために蜜をつくって、その蜜を求めて虫が来る。虫は蜜と一緒に花粉をつけて次の花へ飛んで行くんで、その花粉が近くの花のめしべにつく。そうやって初めて種ができる、というふうになっています。これも考えたら非常にややこしい。もちろん、ぜんぜん違う種類の花から花粉が来たってだめなんですよ。同じ種類の花じゃなくちゃいけない。また、花はだいたいおんなじ時期に咲きます。しかも高さが決まってます。植物図鑑を引くと「何月頃、長さ何センチの花茎を出して、花を咲かせる」と書いてあります。その何センチってのは、だいたい決まってるわけです。

なぜ決まってるかっていうことを、ぼくは昔、不思議に思ってね。どう咲いたっていいじゃないか、と思ったんですよ。ところが、それじゃいけないらしくて、同じ種類の植物の花はみなおんなじ高さで咲いてますね。ハチが来て蜜を吸って、そのまますっと隣の同じ種類の花に行きます。そして、また同じ高さを飛んでく。そうやって違う花から花へ花粉を運ぶ。もしいろんな高さに花があると、ハチは下へ行ったり上へ行ったりすることになって、それは大変なことです。だから、楽なようになっている。

実験的に、高いところに鉢を置いて上の方に花を咲かせ、もう一方は低いところに花を咲かせてやると、種はたくさん実らないんです。種を実らせるためには、虫に花粉を運んでもらわなきゃいけないからです。

病気にならないために性がある

たいていの動物にはオスとメスがあります。つまり、自然というのはどうも性というものに非常にこだわってるらしくて、無性生殖はできるだけ避けているとしか思えない。それはなぜなんだろう、ということを考えた人がいるわけです。

まあ、自然にはなぜ性があるのかっていうことは、あんまり普通の人は考えません。しかし人間には「なんで男と女がいるんだろう」と思うことは、よくあるんじゃないか。

それにはいろいろ理由が考えられてきました。たとえば、昔、人間はオスもメスもない、男も女もない、男女一体だったと。「両性具有」っていいますね。両方の性を共にもっている。そういう存在であったんだと。ところが、ある時に神様が来て、それを男と女に、つまりひとつずつの性に分けちゃった。それが男と女なんだと。だから男と女は昔の両性具有の状態に戻ろうとしてお互いに引き合うんだ、と説明したギリシアの思想家プラトンがいます。これは、かなりよくいわれる説明ですね。

だけど、そうすると他の動物も全部そういうはずなんですけど、そうではない。結局、生物学的になぜ性というものがあるかっていうと、それは病気にならないためというか、病気を避けるためだという結論になりました。病気にならないために男と女がいるというのは非常にへンなふうに聞こえるけど、なぜそんなことが言えるのか？

無性生殖の場合、アメーバでもなんでもいいですが、ある時期に一匹の体が二つに割れて二匹になって次の代ができます。つぎに、二匹が四匹、四匹が八匹になるという具合で、どんどん増えていきますね。その時にはややこしい問題はぜんぜんない。好きになるとか嫌いになるとか、選ぶとかそういうこともまったくない。よっぽど簡単じゃないかと思うんですが、困ったことに、そういうふうにしていくと、親と子どもはまったく同じ遺伝子をもつことになるのです。これが問題であるということです。

病気っていうのは、いろんな病原菌が人間にとりついて、それで起こるものですね。だから、たとえばチフス菌のついた食べ物を食べたりすればチフスになります。そのチフスを治すためには医者に診てもらったり薬を飲んだりするんだけど、野外というか自然の中にはお医者さんなんていないないですね。

ところが、病気に抵抗力のある遺伝子っていうのがあるんですね。そういう遺伝子をたまたまもっていれば、それはその病気には強いです。ところが無性生殖では、全部遺伝子が同じですから、病気に対する抵抗力のある遺伝子をもっていなかったら、ある病気が流行した時には全滅してしまう。

鎌形赤血球

これは非常に有名な話なんですが、「鎌形赤血球性貧血症」という名前を聞いたことありますか。あんまり聞いたことない？　赤血球っていうのは、ぼくらの血の中にある血球ですよね。これはヘモグロビンをもってるから赤いです。このヘモグロビンが空気中の酸素を吸い込んで、それが血液によって運ばれていって、いろんな組織に酸素を渡す。それで細胞が生きてるわけですね。だから、非常に大事なもんです。その時の赤血球ってのは丸い球です。球体です。ところが、この鎌型赤血球性貧血症という病気があるんですが、この病気になった人は血球が球じゃなくて、まさに鎌みたいに平べったい格好をしたものになっているんです。そうすると球型のに比べて、中に入っているヘモグロビンの量が非常に少ない。だからいくら息をしても、赤血球の中にそんなにたくさんの酸素は吸収されない。そういう赤血球が身体をまわりますから、いつも酸素が足りない状態になっちゃう。要するに貧血症になるんですね。そういう病気があるんですね。その病気が、ある特定の遺伝子によって起こることも調べたらわかりました。

で、この鎌型赤血球性貧血症という妙な病気を起こす遺伝子が、世界中のどこにあるか調べますと、それはヨーロッパにはないんです。こういう病気の遺伝子はない。ないというのは、そういう遺伝子をもった人がいないということです。それから北極地方とかシベリアにもいない。北アメリカ大陸でも、カナダとかアラスカとかそういうところにはいない。だからいわゆるエスキモー、ああいう人々の中にはこの遺伝子をもった人はいない。温帯地方で日本あたりのところにもやはりいない。じゃあ、どこにこういう遺伝子をもった人がいるのかというと、それは熱帯地方なんです。

熱帯地方でマラリアが非常に流行っているところがあります。いま現在マラリアが流行っているところは、東南アジアとかアフリカでも暑いところ。アフリカの暑いところではマラリアがうんと流行っていて、毎年子どもが何百万人と死んでいる。やはり大変な伝染病です。

そういうふうにマラリアが流行っている土地には、この鎌型赤血球性貧血症の遺伝子をもった人がかなりいるんです。そして実際に、この鎌型赤血球性貧血症になっている人もかなりいるんです。その場所はマラリアが流行っている地域と同じなんです。これはいったい、どういうことなのだろうかということを、ずいぶんいろいろな人が調べました。

その結果わかったことは、父親と母親の両方からこの遺伝子をもらってしまうと、遺伝子が二つ揃っちゃうんですね。同じ遺伝子が二つ揃った状態をその遺伝子がホモの状態であるといいます。ホモというのは、二つ揃っているという意味です。それで、二つ揃ってしまうと、この鎌型赤血球性貧血症になってしまう。それで死んじゃうんです。子どもも産めない。

ところが、たまたまこの遺伝子を、父親と母親のどちらかだけからもらっていると、その人の中にはこの遺伝子は一個しかないです。それをヘテロというんですが、そういうふうに鎌型赤血球性貧血症の遺伝子を一個だけもっている人、細胞の中に一個だけもっている人というのは、この病気にはならない。しかも、ならないだけじゃなくて、マラリアに猛烈に抵抗力が強いんです。

はじめは「この遺伝子は鎌型赤血球性貧血症という困った病気を引き起こす悪い遺伝子だ」「こんな遺伝子はなんとかして、なくせないものか」というふうに、みんなが思っていたんですが、だんだん調べていくと、じつはこの遺伝子をヘテロで一個だけもっている人は、マラリアに猛烈に抵抗力が強いということがわかった。だからマラリアの流行っている地域にこの遺伝子をもった人がたくさんいるんです。マラリアのないところではそんな遺伝子をもっていたってしょうがないから、ないんです。こういうことがわかりました。そうすると、この遺伝子は良い遺伝子なのか悪い遺伝子なのか、わからなくなってきちゃったわけですね。

われわれ日本人はこんな遺伝子をもっていませんから、このごろ熱帯へ行ってマラリアになって帰ってくる人がだんだんと増えてきましたね。日本にも実はマラリアが昔あったという話は聞いたことがあると思うけれど、どうでしょう。昔の人で平清盛という人がいたじゃないですか。この人が最期に病気になって、「うわあ、死にたくない」と言いながら死んだそうです。

何の病気だったかというと、その症状からして、どうもマラリアだったらしい。本当か嘘かわからないんだけど、よく昔からいわれる話です。

昔マラリアは、この京都から滋賀県あたりまであったんですよ。今はもうなくなったんですけど、昔はあった。それから沖縄地方にもマラリアはありました。かなり暑いところですから。そういうふうに日本でもマラリアはあったんだけども、日本人はこの遺伝子をほとんどもっていませんから、マラリアに対する抵抗力が弱い。で、マラリア地域に行くと危ないんです。

遺伝子を混ぜる

このマラリアにかかっちゃったら、熱が出て、かなり高い率で死んじゃいますから、子孫はあまり残せません。だからなんとか自分の遺伝子を残すためには、マラリアに抵抗力をもっていたいわけです。そのためにはこの鎌型赤血球性貧血症の遺伝子をもっていたいわけだ。ところがこの遺伝子は、じつは突然変異でできるんです。突然変異というのは、名前のとおり突然にできるんで、周りにマラリアが流行っているからマラリアに強い遺伝子ができるということはないんです。

そうすると、何百人に一人とかという割合でしか、この遺伝子をもった人はいない。そしてこの遺伝子は突然変異ですから、自分の中で急にできるということは、なかなかないわけですね。しかし自分の子孫にはこの遺伝子を取り込んでおきたいわけです。

そうするにはどうしたらよいか。そのためには遺伝子の混ぜ合わせをしないといけないだろうと。つまり無性生殖をしていると、親はまったく同じまま二つに割れますから、親も子どももまったく同じ遺伝子をもっているわけですね。

で、この病気の例をとれば、親がこの遺伝子をもっていなかったら、それから二つに割れてできた子ども当然もっていません。子どもから分かれた孫にあたるのも当然もっていません。みんなもっていない。まったくマラリアに抵抗力のないのばかりが増えるんです。そこへマラリアが大流行したらどうなるか。全滅しちゃうんですね。それは危険だということです。そのためには何とか遺伝子を混ぜて、誰かこの遺伝子をもっている人から自分の子孫に取り込みたい、ということになります。

そのためには、無性生殖ではなくて、オスとメスというものをつくって、そしてオスが精子をつくりメスが卵子をつくる。その卵子と精子が受精する。で、精子のもっている遺伝子と卵子のもっている遺伝子が混ざり合う。そうなった時にはじめて子どもができるというふうにしておけば、できた子孫が親とは違う遺伝子をもつことになります。まったく同じ遺伝子をもった子どもはできないはずです。一卵性双生児みたいに、子ども同士が同じということはあるんですよ。しかし親と子どもの遺伝子がまったく同じということはまずありえない。

そういうふうにしておくと、親がもっている遺伝子を子どもがもっていないこともあるし、親がもっていない遺伝子を子どもがもつようになることもある。その時にうまく病気に抵抗力のある遺伝子が入ってきたら、ばんばんざいであると。こういうことだということに自然が気がついたのでしょう、きっと。で、それ以来自然は、すべての生物にオスとメスがあるようにした、ということだろうと思われます。

世の中には病気はマラリアひとつじゃないですからね。たとえば腸チフスという病気もあるし、いろんな病気があります。そういう病気に対して、それぞれみんな抵抗力のある遺伝子というものがあるんです。そういうものをみんなできるだけ取り込んでおきたい、そのためにはもう絶えず遺伝子の混ぜ合わせをやって、いろんなものを取り込んでおきたいということになりますね。それで結局、オスとメスをつくった方が、子どもはどちらの親とも違う遺伝子をもっていますから、違う病気に対して抵抗力があるということになります。そして、そういうのが生き残ってきた。

赤の女王説

要するに、男と女がいるのは病気にならないためで、そのために遺伝子を混ぜ合わせないといけないからということの説は、「赤の女王説」と呼ばれています。「セオリー・オブ・レッド・

クイーン」というんですよ。まさに英語でもね。こういう生物学の話の中に「赤の女王」なんて言葉が出てくるのは珍しいようですけれど、これは『不思議の国のアリス』を書いたルイス・キャロルのもうひとつの童話『鏡の国のアリス』の中に出てくるお話です。

アリスがたまたま鏡の国へ入ってしまって「何だかわけのわからない国の中に入ってしまったわ」と思いながら、とにかくどこかへ行こうと一所懸命走るわけです。ところがいくら走ってもぜんぜん位置が変わらない。ちっとも動かない。「いったい、どうなっちゃっているんだろう」と思っていたら、そこにチェスの赤の女王が出てきて、説明してくれるんです。「この国ではね、一ヵ所に留まっていたいと思ったら力の限り走り続けていなくちゃいけないんだよ。どこか違うところに行こうと思ったら、その倍の速さで走らなくちゃいけないのだよ」と言う、そういうくだりがあるんです。

要するに、同じところに留まっていたいということは、その生物がずっとこの地上に生き残っていきたいということです。そのためには力の限り遺伝子を混ぜ合わせていかなくてはいけないのだよ、ということです。それをやっていなかったら、あっというまに病気にかかってみんな滅びちゃうよ、ということなんですね。それでこういう名前がついた、非常に面白い説です。

この「赤の女王説」という説を唱えたのは、リー・ヴァン・ヴェーレン（Lee Van Valen）というオランダ系のアメリカ人です。いろいろな動物が絶滅していくんだけれど、その絶滅の原因はいろいろある。とにかく遺伝子が一様のものであっては何か変なことが起こった時に全滅してしまうことが多いだろうと。全滅してしまわないためには、いろいろな遺伝子、たとえば暑いのに強い遺伝子、寒いのに強い遺伝子、雨が降った時に強い遺伝子とか、乾燥した時に強い遺伝子とか、いろいろな遺伝子があって、そういう遺伝子をみんな混ぜ合わせてもってい るやつが、いろいろなことが起こった時に強いだろうと。で、生き残っていくんだろうと、こういうふうに思ったんですね。

その時にこのヴァン・ヴェーレンがルイス・キャロルの「赤の女王」の話を思い出して、これを「赤の女王説」と呼んだんです。みんな非常にヘンな名前だと思ったんだけど、たしかにそうかもしらんなあと思った。そしてこのオスとメスの話になった時にも、まったくそれが当てはまるんですね。それでその「赤の女王説」という考え方は、やっぱりこれは確かなんだということになったわけです。

ヴァン・ヴェーレンが「赤の女王説」をいちばん最初に言い出した時には、オスとメスの話じゃなくて、いろんな生物が絶滅しないためには、いろんな遺伝子を自分がもっていて、いろんな環境の変化にとにかく抵抗できるようにしてる方がいいんだ、その方が絶滅しないんだということを言ったわけです。そのためには、自分で遺伝子をつくるわけにはいきませんから、遺伝子を混ぜ合わせることが大事なんだということを言ったんです。その時に、『鏡の国のアリス』の話をひっぱり出して「赤の女王説」と呼んだんです。

性の話になって、なんでオスとメスがあるかっていう時に「この話だ！」と思った人がウィリアム・ハミルトン（William Hamilton）というイギリス人です。人間に男と女がいるのは「赤の女王説」によるんだ。子どもができる時は必ず遺伝子が混ざり合うようにしておくのが大事なんだ。こういうことを言ったのはハミルトンでした。

クローンの是非

この話は、親と子どもの遺伝子がおんなじであっては危ないってことを言ってるわけですね。それは、このごろさかんに言われてる「クローン」ではだめだということです。人間でクローンをつくることは倫理的によくないとかいう話はいろいろありますけども、倫理的にという前に、クローンでは生き残っていけない、ということなんですね。

クローンってのは人間の昔からの望みなんですね。たとえば有名な話としては、ドイツのヒットラーが自分のように偉大な人物と同じ子どもをつくろうというんで、自分のクローンをつくらせようとしたんです。ヒットラーはまじめに考えたらしい。それで学者に言って、そういう研究をやらせたけども、幸か不幸かそれはできなかったんですね。

ところが、この何年か前になって、ヒツジでクローンをつくった人がいますよね。クローンをつくると結局オスとメスなんていうややこしいことなしに子どもがどんどん増えてくのですから、まあ畜産学では非常にいいわけだ。だからクローン研究ってのは、さかんに進んでます。

そうすると、またヒットラーじゃないけど、人間でもクローンをつくる。たとえば非常に頭のいい人がいたら、その人のクローンをつくっていけば、頭のいい人ばっかりできるではないか、というようなことも考えられる。ですね。あるいは美人がいたら、その美人のクローンをつくればみんな美人になる。そういうことになるかもしれない、というふうなことを考えてる人もいる。

だけど、もしも自然がちゃんと人間を見ていたら、自然がもう何億年も前にそれではだめだっていうことがわかったことを、今ごろになって一所懸命やってみて、「できた、できたあ、ばんざい！」と言ってるけれど、「なんとアホなことをやっとるのかな」と思ってるんじゃないかな。

次回は、これも人間にしか起こらない問題なんだけども、イマジネーションとは何かという話です。夢を見て、その夢にしたがって実験をやって、最終的にはノーベル賞をもらった人がいるんですよ。

まあ、今日の講義はこのへんで終わりにしましょう。どうもご苦労さまでした。

第12講◈イマジネーションから論理が生まれる

今日は、このあいだ言ったとおり、イマジネーションの話をしようと思うんですが、イマジネーションというと大げさな話になるんだけど、要するに想像力の問題です。創造"creation"っていう言葉がありますよね。ものを新しく創り出す。けれどイマジネーションを簡単にいうと「思いつく」ことです。ふっと思いつくこと。

ローウィの夢

たしかオーストリアの人だと思うんだけど、オットー・ローウィ（Otto Loewi）という人がいました。この人は、ずっとグラーツ大学の教授をしてたんです。一九二一年だったかイースターの前の日に、夜うとうとっと寝ててふっと夢を見るんです。

その夢っていうのは、心臓にきている交感神経と副交感神経という二つの神経のことです。交感神経が興奮すると心臓がどきどき速く打つ。びっくりすると、どきどきっとするでしょ。そういう時は、交感神経が興奮してるので、心臓がどきどきと速く打つわけです。副交感神経が興奮すると心臓拍動は非常にゆっくりになるんです。これらのことは、生理学では一九世紀からよく知られていることです。で、ローウィ先生が夢を見たのは一九二一年ですから、その時にはもう五十年近く経っている。

ローウィ先生は、そういう話を寝ててふっと思いついたらしい。思いついたっていうより思い出した。それで「あれはきっと副交感神経のいちばん先から何かホルモンのような物質が出て、それが心臓に働くから心臓拍動がゆっくりになるんではないか」ということを夢の中で思いついた。

それをじゃあ実験的に証明するにはどうしたらよいか、その実験の方法まで、全部夢に見たんだそうです。それで喜んで「これはいい。明日研究室に行って早速やりましょう」と思った。さすがなんですけど、枕元にちゃんとメモが置いてあったそうで、そこでメモを取って、安心して寝ちゃったんです。

それで朝起きたら、なんか夕べはいい夢を見たような気がする。メモを見てみるとなんか書いてある。だけど、寝ぼけて書いたメモの字が読めない。なんのことやら、さっぱりわからん。「なんだろう、なんだろう」と思ったけど、どうしても思い出せない。その次の日は復活祭だったんですね。その復活祭の日一日はもう「なんだろう、なんだろう」とものすごい苦しんでしまって、責め苦の一日になったそうです。

ところが幸いにしてその晩、またおんなじ夢を見た。今度はもうメモなんか取らんとすぐ飛び起きて、そのまま研究室へ行って徹夜で実験をしてそれを証明しちゃったんです。つまり、副交感神経の末端からは何かあるホルモンのような物質が出て、それが心臓に働くので心臓拍動がゆっくりになるんだ、ということだった。それで、そういうことをまず見つけた。

ぼくらの身体には神経がいっぱいありますね。脊髄からきて指の先までいってる長いのもあるし、短いのもある。たとえば、指先で熱いもんに触ったら「あちちっ」って思うじゃない。あれは、指先に熱の感覚器がありますから、そこが感じる。そこに神経がきてるので、その神経が興奮する。そうするとその興奮が神経の上を電気的にダーッと伝わっていくんだそうですね。それを「神経の興奮の伝導」といいます。

神経っていうのは長い細胞なんですね。非常に長い細胞。だいたいの神経は終わりのとこで次の細胞につながってはいない。興奮すると、その興奮が神経を電気的に伝わって（伝導して）行くっていうことはわかっていた。しかし、末端は次につながっていないんです。ほんのちょっと離れてる。

だけど、この興奮は何らかの形で次の神経に伝達されるはずです。そして、その興奮が電気的に神経を伝わり、末端からまた次のに伝達される。こういうふうになっていることは、わかってたんですね。けれど、どうやって伝達されているかは全然わかってなかった。とにかく、ローウィ先生の実験で、副交感神経が興奮するとこの末端から何かホルモンのような物質が出る、それで心臓は拍動が遅くなるということはわかった。

そうすると、副交感神経だけじゃなくて体中の神経が全部そうなんじゃないかと。つまり、神経の末端からはホルモンのようなものが出て、それが次の神経に興奮を伝達すると。こういうことじゃないかということに、ローウィ先生は気がついた。そしてその実験をまたやったんです。そしたら、それは確かにみんなそうだった、ということがわかりました。

これは非常に大事な功績なんで、ローウィ先生は一九三六年にノーベル賞をもらったんです。このノーベル賞をもらった始まりが、夢で見たということになると、この人は夢を見てノーベル賞をもらった、ということになるんですね。

考えてみると不思議なことがいっぱいあります。つまり、ひとつは「夢で見た」っていうこと。なんとなく作り話のようだ。それはまあ、いろんな人が解釈してますが、夢に見たというのは単にお話であろうと。要するにこのローウィ先生は、その時もうグラーツ大学の教授でしたから忙しいんですね。今の大学の先生と同じぐらい忙しかったんだろう。だから昼間は考えるってことは、多分できなかったろうと。だから夜になって横になって少しうとうとっとしてる時に、ちょっとものを考えていて、ふっと何か思いつくってこともあっただろうと。それが「夢で」って話になっただけで、「夢」のことをあんまり大事に考えなくてもいいんだ、ということです。

それよりも大事なのは、このローウィ先生は、その時は神経の興奮の伝導や伝達のことを研究してたわけでは、まったくなかったということ。この人が何をやってたかっていうと、強心剤の研究をしてたんです。

強心剤っていうのは、たとえばカンフル注射っての知ってますか? 心臓拍動があんまり速くなると、打ち方がしっかりしなくなるんです。心臓はどきどきしてるけども血液が出てこないんで、脳にいく血液が少なくなって脳貧血を起こして倒れちゃう。その時に医者は、すぐにカンフル注射をする。カンフルっていう薬は、注射すると心臓拍動がゆっくりになるという薬で、そういう薬のことを「強心剤」というんです。ジギタリスとかそういうのはみんなそうです。

このローウィ先生は、その時はその強心剤の研究をしてたんです。ジギタリスだとかいろんな植物を採ってきて、それをすりつぶして、強心剤みたいなものを含んでると思われる溶液を抽出して調べる。その時にカエルを使うんです。カエルの心臓を生きたまま取り出して、リンゲル液の中へつけておく。そうしても心臓はまだ脈打ってます。その時に、新しく取り出した強心剤の入ったと思われる液体を、リンゲル液の容れ物にポトポトッと垂らす。強心剤が入っていればすぐに心臓拍動がゆっくりになるんですね。「お！　これは強心作用がある」ということになるんですね。ローウィ先生はグラーツ大学の薬理学教室の教授だったんですね。

ところがですね、さっきも言ったとおり、副交感神経が興奮すると心臓拍動がゆっくりになるということは、彼がこういうことを発見する五十年も前からもうわかっていた。

じつは一九〇二年か三年にね、ウィリアム・ベイリス（William Bayliss）とアーネスト・スターリング（Ernest H. Starling）によって「ホルモン」っていうものが発見されたんです。その人たちは、胃の胃腸ホルモンを発見して、それでホルモンって概念ができたんです。つまり、体の中でつくられて、体の中を流れていって、いろんなところに作用を及ぼす、そして非常に微量で効く物質があるってことを発見したんです。それが一九〇二年か三年です。ということは、この人が夢を見た時は一九二一年ですから、もう二十年近く前の話で、これもぜんぜん新しい話じゃないです。

ホルモンという概念は新しくない。副交感神経が心臓拍動をゆっくりさせることも新しくはない。だけども、副交感神経のいちばん先からホルモンのような物質が出る、人間の体の全身の神経がみんなそれをやってるということを発見した。それは新しいことだったんで、ノーベル賞をもらったわけです。

そうすると、この人は、じゃ夢でいったい何に気がついたんだろうか、ということになります。副交感神経が興奮すると心臓拍動がゆっくりになるってのは、彼は知っていた。だけども、それを夢に見た時にふっと思い出したんですね。それまではあんまり気にもしなかったんだろうけども、ふっと思い出した。心臓拍動がゆっくりになる。で、自分が研究してる強心剤、これは作用させると心臓拍動がゆっくりになる。

「おんなじじゃないか！」と思った。この類似に気づくことが、発見ってことになるわけです。そこまでは、じつはほんとの思いつきです。夢に見ていて、副交感神経が心臓拍動を遅くする、ああ、そうやったなあ。自分が毎日やってる強心剤も心臓拍動を遅くする。で、「あ！これおんなじじゃない！」とこう思う。これはもう理屈じゃない。

だけど、そういう新しい類似を発見すると、一瞬にして論理ができます。神経と強心剤の作用はおんなじじゃないかと思った時に、「だったら……」と、こういうふうに理屈になるんですね。「だったら、副交感神経のいちばん先から強心剤のような物質が出されてるかもしれない」と。彼はそのことに夢でふっと気がついたわけです。そしたら、それを証明することは、彼はできる。

カエルの心臓のとこにきてる副交感神経の末端を切り出して、リンゲル液のとこに垂らしておく。で、神経を刺激すると、もしもその末端から強心剤みたいな物質が出るんだったら、このリンゲル液の中に入るはずですね。そうしたら、今度はこれをカエルの心臓にかけてやったら、心臓拍動がゆっくりになるはずです。で、それをやってみたら、ほんとにそうなった、ということです。そこまでいくと論理はさらに進んで、だったら体じゅうの全部の神経がそうじゃないか、といくのは当然でしょ。こういう話になるわけですよ。

彼は、神経の伝導とか伝達のことはなんにも研究してなかったけど、たまたま前から知っていた副交感神経の働きと強心剤の働きとがおんなじじゃないか！　ということに気がついたところから、バッと話が進んでるわけです。で、どうも思いつきというものは、そういうものらしい、ということになります。

ぼくらは何かを考える時、データを見て、そこから理屈を組み立てていくのですが、思いつきってのはそういうことじゃないですね。急にふぁっと思いつくわけですよ。どうやって思いついたかよくわからんこともあるぐらいに、ふぁっと思いつく。で、いっぺん思いつくと、そこから先に論理ができちゃう。

マツノキハバチ

じつは、こういう話でぼく自身も思い出すことがあります。そのひとつは、松の木の葉っぱにつくマツノキハバチというハチです。この虫は、この辺の松にもつきますが、高山にもいるっていうことを聞いたんです。で、調べてみようと思ったんです。

高山っていうのはだいたい二五〇〇メートル以上、三千メートルぐらいですから、その辺にはハイマツ（這松）といって、高くなれないからみんな地べたを這ってる松がある。このマツノキハバチは、ハイマツの葉っぱに卵を産んで、その幼虫がこの葉っぱを食べて育って、そして来年になって親になるんです。そういうことは、だいたいの想像はしてました。実際に見に行ってみるとたくさんついてます。

採るのは簡単。中央アルプスに木曽駒ヶ岳っていう山があります。この山に行って、二五〇〇メートルから上にハイマツがよく生えてるんで、そういうところを歩き回って幼虫がついてたら採って帰ってくるんです。しかしその山に行く時が結構たいへんでした。その当時はロープウェーはなかったんです。だから、えっちらおっちら上がっていって到着するのは夜になり、その日は小屋に泊まって、あくる日の昼間に採集をして、また一晩泊まって、そして山を降りて帰ってくる。もう、えらいたいへんでした。

ぼくはその頃、東京農工大学の先生をしていたので、そこでこの虫を飼ってみようと思ったんです。研究のために虫を飼う時には、いろんなへンなしばりがある。昆虫を飼う時には、一定温度で、実際には二十五度プラスマイナス〇・五度の範囲の条件で飼わなくちゃいけない。

これがなかなか大変なんです。もうずいぶん昔ですから器械もいいものがない。とにかく水を流すとか工夫して一所懸命やって、山から持ってきたこの虫の幼虫を飼いました。そしたら、ろくでもないことになりました。

ガラスのシャーレにたとえば百匹幼虫を入れておきます。すると次の日には、どういうわけだか五十匹ぐらいがもう死んじゃってるんですね。「しゃあないな」と、あと残った五十匹を飼い続ける。その次の日にまたその半分、二十五匹が死んじゃうんですよ。「おかしいなあ」と思って。四日後ぐらいになると、ほとんどいなくなっちゃうんですね。せっかく山から採ってきた虫がたった四日でもうほとんど全部死んじゃうんです。

それで、もうひとつは五度って温度をつくりました。五度ってのは冷蔵庫の中です。ぐんと低かったらどうだろうかっていうんで冷蔵庫の中に入れておきます。五度ってのは温度が低すぎるもんだから虫は葉っぱを食べない。じーっとしてます。じーっとしてますが生きてる。二週間も経つと、なんにも食ってませんからさすがに腹減って、全部バタバタバタッと死んじゃいます。それからもうひとつ真ん中をつくっておいた方がいいと、一二・五度っていうのをつくった。これで飼っときますと、一週間ぐらいのあいだに全部死んじゃうんです。

この虫は一年に一回しか出ませんので、シーズンが終わっちゃったら、もうその年はだめで、来年までシーズンはこない。それで、翌年またその虫を採ってきて、今度は湿度をいろいろ変えた方がいいとか、湿らした方がいいとか、水をやった方がいいとか、あるいは乾かした方がいいんじゃないかと、いろんなことをやりました。でも結局おんなじこと。全部死んじゃいます。それで結局二年目もまったくダメ。

で、三年目にまた行ったんですが、三年目にはもういやなんですね。要するに虫を持って帰ってくるってことは、殺すために持ってくるみたいなもんでしょ。しかし、やっぱりがんばらなきゃいかんと思って、三年目も出かけることにしました。ぼくは学生と一緒にその山に行くんで、「今年もまたみな死んじゃうのかなあ」なんて思いながら歩いているうちに、ふっとあることを思いついたんです。それで、学生に「ちょっと物を取ってくるからバス停で待ってて」と言って、研究室へ戻って、自記温度計を持ってきました。

その時に、ぼくが何を思いついたかっていうと、すごいつまんないことなんです。山の上っていうのは夏だと昼間はものすごく暑いですね。半袖で行きたいぐらいだけど、半そでだと昼間はいいんですが夜になったら寒くてかなわんですね。だから山に行く時は長袖のシャツで、夜用に必ずセーターを持って行く。

ところが虫を飼う時には、学界からの厳しいしばりがあるもんだから、とにかく「温度を一定にするにはどうするか」ということばっかり考えてたわけだ。昼は暑くて夜は寒いなんてことは、ぜんぜん考えてなかった。ところがふっと「これだ!」と思いついたわけですね。

つまり、きっとこの虫は何万年も昔から、昼は暑くなって夜は寒くなる、そういう高山にずっと棲んでたんだから、そういう温度に適応してるんだろうというふうに思った。それにふっと気がついた。だから温度を一定にして飼ったのがいかんのじゃないかと思ったんです。

で、実際、山の上に行って、その自記温度計で温度をはかってみました。そうしたら昼間はなんと三十五度。それで夕方に陽が落ちて温度が下がってきて、夜になると十度ぐらい、朝五時ごろには五度とかその程度の温度に下がっちゃう。だからそうとう寒い。三日いましたので、三日分録っておいた。それを見てみて、「これだ、まさにこれだ!」と思った。

それで今度は、その温度をシュミレートして飼ってみましょうと思ったんです。三十五度っていうのはちょっと暑すぎるかなと思ったんで、前に飼ったことのある二十五度と、そして冷蔵庫で飼った五度にしました。朝六時に研究室に行って二十五度のところに虫たちを移すんです。そして夕方六時に今度はその虫たちを五度の冷蔵庫に移すんです。つまり、昼間は二十五度、夜は五度というふうにしてみた。きっとこれでうまくいくだろうと思ったんです。まさに思ったとおりで、虫たちは一匹も死なないで、ずうっと葉っぱを食べて、そして育って親になりました。

ものすごくうれしかったですね。非常に感動したんです。要するに、全部死んじゃう二十五度という温度と、全部死んじゃう五度という温度を半日ずつ組み合わせると、全部生きたってことね、極端にいうと。これはいま思い出してもおもしろかった。

思いつきと論理

そこでぼくは、学会発表とか論文とかいうものに、ものすごい嘘があるんだっていうことがよくわかりました。つまり学会で発表する時に、「二十五度一定で飼ったら、みんな四日目に死んじゃいました。五度一定で飼ったらばみんな死んじゃいました」、これはいいです。そこで「はっと思いついたんですが……」なんて言ったら、絶対学会での信用を失うことは確かなんです。そんな「はっと思いつく」なんてのは、学会の科学の論理の中にないわけでしょ？

そこで、「どういう温度条件のところで生きてるのか知るために、自記温度計を持って行って記録しました」。「次のスライドお願いします」で、「このとおり、暑い時は三十五度、朝になると五度、次の日はまた昼は三十五度と、こういうすごい温度を繰り返してます」。「だからこれをシュミレートして、二十五度と五度というのを半日ずつ組み合わせて飼ってみました」と。そして「次のスライドをお願いします」とまたデータを出して、「このとおりみんな生きて何日後に全部親になりました」と、こういう発表をしました。これはその時の学会でかなり評判になった研究なんです。

だけど、そこには猛烈な嘘がありますね。つまりぼくは温度をはかる前に、きっとこうしなきゃいけないんだろうと、はっと思いついたわけだ。だから温度をはかる。先にデータがあったんじゃないんです。ところが学会で発表する時には、「温度を測ってみたらこうでした」と。「そこでそういう温度で飼ってみたらどうでした」と、こういうお話になる。論理的ですよね。非常に論理的です、その方がね。

なんかふっと思いついた時に「なんでそんなことを思いついたんだろう」っていうことを考えてみても、よくわからんことが多いですね。だけども結局なんかの時にはものを思いついているわけです。なぜそのことを思いつくのかというのは、ぼくはよくわかりません。

セレンディピティ

このごろ流行ってる言葉で、セレンディピティ（serendipity）という言葉があります。非常に流行ってる言葉です。たとえばノーベル賞をもらった人に対して、「彼はやはりセレンディピティがあったんだ」というふうに使われる。

そのセレンディピティを英和辞典で引いてみますと「なにかものを見つけ出す不思議な能力」だそうです。あることを見た時に、ふっとそのものを見つけ出す不思議な能力のことをセレンディピティというんだそうです。それから別の訳語を見ると「求めずして思わぬ幸運にめぐり合う能力」、そういう能力をセレンディピティというそうです。

それで、ノーベル賞をもらった人っていうのは、やっぱりセレンディピティがあるんだということになっています。いますけど、じゃあ「そのセレンディピティってなんだ」「セレンディピティを持った人と持っていない人がいるのか」ということになると、そうではないんじゃないかと思います。いろんなことをよく思いつく人はいますけど、さっき話したように、自分がすでに知っていることが、たまたま二つくっつくと、新しい思いつきになるというものらしい。それは能力がどうとかという問題ではないんだけど、それを「それはセレンディピティですよ」と、一言でごまかしている。ぼくはそれはおかしいのではないかと思っています。第一、セレンディピティによって思いつきがあるんじゃないと思う。

たえず、「そういえばあれだったなあ」「そういや、あれはこんな話だったな」とかいうことを思い出していると、どこかで「ああ、そういえばこうかな?」っていうのが出てくる可能性が高くなります。よくものを思いつく人ってのは多分そういうものかもしれない。するとそれはセレンディピティなんていう大層なものじゃなくて、もっとふつうのことなんですね。どうも人間のイマジネーション、想像力ってのはそんなものらしい。

ただ、いったいどうしたら、そういうイマジネーションがもてるかっていうことは、それは残念ながら言えないです。ものを知ってりゃあいいかっていうことも、それも言えない。しかし、そういうもんであるということらしい、ということをみなさんに伝えておきたかったんです。セレンディピティなんて言葉がよく使われてます。気をつけると時どき使われてますけど、あんまりそんな言葉でものを説明しちゃってはいけないいんじゃないかという気がしています。

カイコの卵はいつ孵る？

ちょっと時間があるんだけど、なにか質問はありますか。質問というか、なにか議論は。

学生　マツノキハバチは、温度によって生きたり死んだりということでしたが、結局その原因まではわからないんですか。

日高　原因はわかりませんね。わかりませんと言っても、調べればきっとわかると思うんですけども。茅野春雄さんという研究者が、もうだいぶ前にカイコの研究をしてるんですよ。

カイコっていうのは、夏に生まれた卵は、休眠卵といって、要するに冬眠をする。あくる年の春あったかくなってくると孵る。じゃあ暖めりゃ孵るんだろうと思って、夏の終わりに暖めた人がいます。ところがそうすると、ますます孵らなくなっちゃう。場合によると、そのまま死んじゃうということです。ところが、いったんちゃんと寒くしてやったやつは春になると孵る。なぜなんだろうと茅野さんが調べたんですね。

茅野さんはカイコの卵の中に入っているグリコーゲンの量を測った。グリコーゲンはブドウ糖がたくさんくっついて、高分子になってしまったものです。夏の終わりに産まれたカイコの休眠卵は、卵の中にたくさんグリコーゲンを持っています。春になると、そのグリコーゲンを使ってこれをブドウ糖にして、幼虫の体をつくって、幼虫が孵ってくるわけですね。

ところがですね、茅野さんが調べていきますと、九月の初めに産まれた卵の中にあったグリコーゲンは、一週間かそこらすると、グリセリンと糖アルコール、ソルビトールっていう糖になってる、ということがわかりました。そのソルビトールっていう糖もグリセリンも栄養源にはならないんです。そうすると、カイコの卵は、秋に産まれた時には栄養分をいっぱい持ってるにもかかわらず、一週間でその栄養源は全部なくなっちゃってる。だから、いくらあったためても幼虫の体はできてこない。

ところが、その栄養源のなくなった卵を五度とか三度とかうんと寒いところに置きますと、不思議なことに糖アルコールとグリセリンがだんだんくっついて、またグリコーゲンに戻ってるんですね。そして春二月ごろ、冬の寒さを十分に経過した後になると、卵の中にはグリコーゲンがびっちりつまっていて、それを使って幼虫が孵る、ということがわかったんです。

だから、ハバチの話も調べたら、きっとなんかそういうことがあるんでしょうね。昼間あったかい時にはどうなって、夜にはこうなる、というふうに。

この次がこの講義の最後だよね。

今日はイマジネーションの話をしましたが、もしこういうイマジネーションってものがなくなったらどうなるかっていう話をしようと思ってます。

では今日はどうもご苦労さまでした。

第13講◈イリュージョンで世界を見る

今日でこの講義は終わりになるんですね。

このあいだは、人間のイマジネーションの話をしたんですね。何かをパッと思いつくっていうのは、どういうことか。それは何も特別なことではなくて、今まで自分が経験していることが一方にあって、それからまた別に事実として知っていることがある。何かの時にその二つがパッと結びつくんですね。だから、なんにも知らないでいると、何も思いつくことはない。ただし知っているからといって必ず思いつくわけでもない。じゃあどういう時に思いつくかっていうと、それはわからないんだけど、そういうお話をしました。

それはある種、イマジネーションですね。今日はイリュージョンの話をしようと思うんだけれど、最初にそのイマジネーションがなくなったらどういうことが起こるかっていうことから始めます。

機械の中の幽霊

イギリスの哲学者でギルバート・ライルという人がいます。この人が非常に面白いことを言っているんです。

場所はアフリカでも南米でもどこでもいいんだけれど、大きな密林があって、その中に原住民が住んでいて、その住まいの前には広場があって、そこでお祭りをしたりなんかする。周囲はすごい森です。そういうふうになっていると仮定してください。

そして、突拍子もない話だけれど、ある時その密林の中から巨大な真っ黒い蒸気機関車がダーッと走ってきて、みんなが見ている前で草地の原っぱにガガーッと止まった、と想像してください。いったい何が起こるでしょうか、ということなんです。

彼らはそんなものを見たのは初めてだからビックリして、初めはもう恐れおののいてひれ伏しているわけですね。で、そのうちにやっぱり、あれは何なんだろうと思う。ギルバート・ライルは、好奇心が出るのでそれを調べに行くと書いているんですけれど、好奇心じゃないんだと思うんだ、ぼくは。たぶん見たこともないようなものがダーッと走ってきて止まった、とすると怖いわけですね。怖いからいったいこれは何者だろうというんで、とにかく恐る恐る調べてみようとするわけです。

で、みんなでとにかく機関車を解体し始めるんです。分解してみると中からなんか出てくるだろうから、それで正体がわかるだろうということです。その時に彼らの持っていたイマジネーションというのは、「こいつは走ってきたんだから、たぶん中に馬が入っていたに違いない」という想定です。

ところが蒸気機関車の中に馬なんか入っていませんよね。だから出てくるものは、鉄の棒だとか、輪だとか、石炭だとか、ピストンとか、そんな変なものばっかり出てきて、馬は出てこない。そうすると「いったいこれは何なんだろう」とみんなわかんなくなっちゃうわけです。で、酋長も困って、祈祷師などお祈りをする人に「お前たち、何とかこのことについて答えを出せ」と、命令するわけです。

そうすると祈祷師も何がなんだか訳がわかんないんだけど、まあそこは慣れているんですね、そういう人々は。だからそこに祭壇をつくって、お供え物を置いたりなんかして、モクモク煙なんかも出して、雰囲気をつくります。みんながその状況の中になんとなく馴染んできた頃に、その煙の中で厳かにこうのたまうわけですよ。

「このものは走ってきた。だから中には馬が入っていた。けれどその馬は見えなかった。なぜか。それはこの馬が幽霊の馬であったからである」と言うわけです。

そうするとみんな、なんとなくわかっちゃうのね。「ああ、そうか。幽霊の馬が入っていたから、あんなに走ってきたのか」と。それでその幽霊の馬さんにお供え物をしたりお祈りをしたりして、それで一件落着。その人々は蒸気機関車の原理だとか、熱力学の第二法則だとか、そういうようなことはなんにも理解しないで、機械の中に幽霊の馬をつくって、それで話が済んじゃうということになるだろうと。こういうお話なんですね。

その時にライルが言ったのは、「こういうものは要するに、ゴースト・イン・ザ・マシン。機械の中の幽霊である」ということなんです。「その機械の中に幽霊の馬が入っていた」ということになると、みんな、なんとなくわかっちゃう。でも現実にそんなものはいませんよね、もちろん。

普通われわれは幽霊というものは想像力の産物だと思っている。しかし、「そうではない」とライルは言うんです。「幽霊というものは想像力の産物ではなくて、想像力の欠如の産物だ」と。ぼくがこの話を読んだのはずいぶん昔ですけども、想像力がないからこそ幽霊ができるんだっていう話は、すごく面白かったんです。

京都の幽霊

昔、ぼくが京都に来た、今から三十年ぐらい前かなあ、その頃には京都には非常によく幽霊が出たんです。出たっていうのはヘンだけど、出ることになっていたんです。市原《いちはら》の近くの橋の上に幽霊が出ると新聞にまで載って、「へえー、じゃ見に行こう」と、みんな見に行ったんですね。で、あんまり人が見に行ったら、幽霊は出なくなっちゃったんですよ。

ぼくはその頃、京都大学に行ってたから、二軒茶屋の家まで帰るのに、叡山電車を使ってました。でも、京大で研究会をやったり、あるいは祇園で飲んだりすると、どうしても終電に乗れない。それでタクシーを止めて、「二軒茶屋まで行ってもらえませんか」って言うと、たいていの車はね、「えー、ちょっとあきまへんねえ」って言うんですよ。「あの途中に深泥《みどろ》ヶ池《がいけ》がありまっしゃろ? あそこに幽霊が出るんですわ」と、こういう話をする。もう、いろんな話をしてくれるんですね、運転手さんが。

たとえば、深泥ヶ池の近くに病院がありますね。しばしば人が死ぬそうです。人が死ぬ病院の前に池があって、水があるわけ。そうすると、幽霊が出るにはもってこいの場所になっちゃうわけだ。

ある日、そこをタクシーが通ったら、若いお嬢さんが止めたんだって、車を。乗せてみたらば、四条のなんとか小路の○○ですと言ったんで、そこまで連れて行った。で、「はい、お嬢さん着きましたよ」って言って車の中を見たら、誰も乗っとらん、というわけ。それで、もうぞっとして、とにかくそのうちへ行くとお母さんが出てきた。それで、「お宅のお嬢さんをあそこの深泥ヶ池んとこでもってお乗せしたんですけども」と言うと、「ああ、それはすみません。娘はひと月前にあの病院で死にました……」という話がある。そういう話をタクシーの運転手さんが同僚から聞いて、どんどん幽霊の話が広まっていっちゃうわけですよ。

そして、また、その時も夜だったけどタクシーに乗ったら、「だけど、一度だけほんとに幽霊が出たと思って、ものすごい怖かった経験があります」って運転手さんが言うんです。冬に祇園で夜中の一時過ぎぐらいに、和服を着た中年のホステスさんが車を止めたそうです。それで「岩倉のちょっと奥なんですけど、いいですか」って言うんで、「どうぞ」って言って乗ってもらった。そしたら、そのお客さんが後ろの座席で「運転手さん、悪いけどうち酔うとるし、ちょっとしんどいから、帯などゆるめたりしてよろしいか」と言うんで、「どうぞ楽にしてください」って言ったら、なんかごそごそやっていたらしい。それからしばらく走って岩倉に着いたんで、「お客さん、岩倉へもう来ましたよ」って言ったら、「はい、もっと奥です」って言う。その頃は岩倉は今みたいに開けてなかったですから、あんまり道もなかった。そういうところで「この辺、だいぶ奥まで来ましたけど」って言ったら、「あの、もうちょっと奥なんです」って言うのね。で、もう少し行ったらば、「あの、もうちょっと奥なんです」と、だんだん周りに家も少なくなってきたんだそうですよ。

その辺からその運転手さん、ちょっと心配になってきたんでしょうね。こんな家もないとこにどんどん行っちゃって、どうなんだろうと思っていたら、お客さんが「いやいや、運転手さん、家はありますから大丈夫です」と言うんで、「そうですか」って言って少し行ったら、「ああ、ありました。あの家です」ということで、そこまで行った。そこで「おおきに」と料金を言って、お金をもらい、おつりを渡した。それで「これからどないして帰ったら、岩倉の町へ出ますか」って聞いたら、「ちょっとまっすぐ行って、左へ曲がって、また左へ曲がって、そのまま行くと、岩倉の町へ出ます」と言うんで、「ああ、おおきに」と、言われたとおり走っていくと岩倉の町へ出た。ちょっと明るくなったんで、何気なくバックミラーを見たそうです。そしたら、「そのお客さん、まだ乗ったはりますねん!」。

「ほいで、確かかどうか考えました」。絶対に降ろした。それでお金をもらって、おつりを渡して、道まで聞いて、「おおきに」と言って、それで来たのに、まだ乗ってる!

「これは幽霊やー‼」と思って、ぞっとしたそうです。

いよいよ出ちゃったっていうことで、ものすごく急いで走った。信号がパッと赤に変わっちゃったんで、急停止をした。それから、しばらく走って、またこわごわバックミラーを見てみたら、もうなんにもおらん。

「ああ、よかった」と思って車を降り、外から中を見たけど、なんにもおらん。だけど、「もう気色悪いからもう嫌や、今日はもう仕事やめて帰ろう」と、町の方へと行ったんだそうです。

そしたら、途中で男の人が手を上げた。どうしようかと思ったけど、まあ男やから幽霊にはならんだろうと、この理屈もヘンだけど、そう思って。しかも、行き先が同じ道だったんで乗っけたそうです。そうしたら、そのお客さんがうしろの座席に入ってくるなり、下からわりと大きな物を拾ってね、「おーい、運転手さん。こんな物が落ちとったで」って言って渡してくれた。それが、女の人のかつらだったんです。それでわかりました。

要するに、その女性が帯をといたりしてる時に、かつらも外して、座席のうしろへポンと置いちゃったわけですよ。それで忘れて降りちゃった。それでバックミラーをパッと見た時に、かつらが見えたわけだ。その時に、この運転手さんが「あ、あのお客さん、かつら忘れはったんと違うか」というところまでイマジネーションを働かせていたら、幽霊にはならへんかった。ところが、かつらが見えたとたんに、「まだおる‼」と思っちゃったわけよ。これは、イマジネーションが足りなかった。だから、「幽霊」になっちゃったということなんですね。

そういうことがあって、なるほどライルの言ってることはほんとやなあと、つくづく思いました。

小学生が描いたアリの絵

もうひとつ非常に面白かった話があります。ぼくは、高校は東京の成城学園に通っていましたが、そのころ仲良くしていた、庄司先生という小学校の先生から聞いた話です。

ある年のお正月の二日か三日に、庄司先生がぼくの家へ大きな風呂敷包みを持って来たんですよ。それを広げて、見せてもらったんです。大きな画用紙に、上・中・下と絵が三段に貼ってあるのがいっぱいありました。

「これは何ですか」って聞くと、先生は、小学校で教室へ行くなり画用紙をみんなに配って、「さあ、今日はアリの絵を描いてください!」って言ったんだそうです。そうすると、子どもたちは「アリってどんなだっけなあ」と思いながら、イメージを探すわけですね。それでその画用紙に描くわけです。それが、いちばん上の段の絵だったんです。

二段目は、今度は実物のアリを平べったいガラスの容れ物に入れて、それをたくさん用意しておいて、子どもたちにひとつずつ渡して「ほーら、これがほんとのアリだよ。生きてるだろ?これを見て、アリの絵を描いてください」って言ったのが、二段目の絵なんです。

面白かったのは、一段目の絵だと「アリ」っていきなり言われたもんだから、みんな考えて描く。その絵は、頭があって、胴体もある。そして四本の脚。ひげ(=触角)も2本ある。で、女の子の描いた絵は、このひげに赤いリボンがついてる。ほとんどの子がみんな同じように描いてます。

そして二段目は、今度は本物のアリを脇に置いて、それを見ながら描いた絵です。それを見ると、ずっとアリに近くなるだろうと思います。ところが、一段目の絵とあんまり変わらないんです。

三段目では、子どもたちの二枚目の絵をみんな集めて、先生が「うん、なかなかよくできてるなあ。でも、なんかちょっと違うかなあ」と言って説明したそうです。

「アリさんて、頭と胴体だけしかないかなあ」って言うわけですね。すると「あれ？　もう一個ある」という子が出てくるわけ。そうするとほかの子が「ほんとだ、ほんとだ、頭と胴体だけじゃないや。なんか頭ともうひとつあって、それから胴体だ」と、こう言うんです。

そして先生が「そうだろう。アリさんは頭と胸とお腹の胴体とが、三つ別々になってんだよ」と言うと、子どもたちが「なーるほど」と思うわけです。

「じゃあ脚は四本か？」って先生がまた聞くわけよ。そうすると、また子どもたちがもういっぺんアリさんを見る。「あれ？　もっとたくさんあるよ」「六本だ！」「ほんとだ、六本だ」ということになるんです。

「じゃあ、その六本の脚、どこに生えてる？」って言うと、子どもたちが「違う、違う、胴体には脚ないや」「胸に六本生えてる」って言う子どもが出てくる。

その先がまたなかなか凝った話だった。

「君たちが描いた絵だとさ、脚は胸からまっすぐスッと生えてるけど、ぼくたちの足がもしまっすぐだったら歩けるかい？　まっすぐだったら、とっても歩けないよ」って言うわけ。「それからさあ、ひげだけどさあ、一枚目の絵から描いてるけど、みんなうしろ向いてるよね。二枚目の絵もそうだよね。ほんとにうしろ向いてる？」って聞く。そしたら子どもたちはすぐ気がついて、「前向いてる」って言うんだ。それで三段目では、ひげがみんな前を向くわけです。

この話を聞いて、ぼくが非常に面白かったのは二段目のところ、つまり、実物のアリを見た時に、何人かは頭と胸と腹になってる子がいるんです。ごく少しだけ。こういう絵になった子は、一枚目の絵をどういうふうに描いてたかなっと思って見てみると、描いたり消したりしてるんですよ。そういう子は、つまり、一枚目の絵を描く時に、いやあ、頭と胴体だけだったかなあ、なんかもうちょっと、なんかあったような気がする、というふうに思ってたわけです。そういう子は実物のアリを見ると、パッと変わるんですね。ところが、最初からもう自信満々で太い鉛筆で頭描いてね、胴体を描いた子がいます。そういう子は、実物を見せてもなかなか改まらない。なるほどそういうものか、と思いました。

結局、人間というのはものを見る時に、実物を見てるから実物どおりに絵を描けるということはないんですね。だいたいは「ああ、なんかに似てる。こんな格好だった」というふうに思って、ある種のイリュージョン、「思い込み」で絵を描きます。そうして誰かにその辺を言われたりすると、本当にそうかなと思って実物をもういっぺん見直して、「あら？　違うわ」というふうになって、直していくわけですね。

結局初めての時には、何に注意して見ればいいかってことがよくわからないんです。たとえば複雑な格好をしたテーブルを見た時に、どんな格好をしてるって言われたら、これバッと全部正確に言える人はまずいませんよ。だいたい大きさがこれぐらいで上に何かあったような気がするっていう程度にしか見てません。ふつうはそういうもんです。それで、だいたいのものはわかるわけです。

実物を見ているわけですから、それをイマジネーション＝想像しているのではありませんね。それを「あ、こんなもんだ」と思い込んでいるわけです。前回に話したイマジネーションというのは「思いつき」ですね。人間には思いつきというのがあって、これは非常に大事です。と同時に、ある種の「思い込み」ってのがあるわけだ。それで自分の頭の中を整理しているわけだ。だから、自分が思い込んでいるものと違うのを見るとびっくりするんですよ。そういうことがよくあります。

「思いつき」と「思い込み」ってのはやっぱりちょっと違うんで、「思いつき」は想像＝イマジネーション（imagination）の話だろうし、「思い込み」の方はぼくはイリュージョン（illusion）と呼んでます。イリュージョンっていうのは辞書を引くと「錯覚」というふうに書いてあります。錯覚、とか錯視。そういうこともあるけれども一般的には思い込みのことだと思っていいのではないか。人間は非常にこのイリュージョンが強い動物らしくて、なんかを見た時にはそれを思い込んじゃうんですよね。

この子どもたちは、最初にアリさんっていったら、頭と胴体があって脚が四本、ひげが生えてるもんだと思い込んでいるから、それで絵を描いた。その次に実物を見てもなおらない。それで先生が説明して、どこに注意して見るかといちいち言ってくれると、やっと実物に近い絵になるわけだね。

動物のイリュージョン

イリュージョンというのは非常に大事なもので、これがないとぼくらはものが見れないだろうという気がします。それでももう三年ぐらい前に『動物と人間の世界認識』（ちくま学芸文庫）という本を書いたんですよ。要するにいろんな動物や人間が世界をどう見ているか、どう認識しているかってことを書いたんですが、ふつうの動物でもやっぱり思い込みをしています。

ナミアゲハってチョウチョは知ってるでしょ？　黒いところに黄色い縞が入ってる。これはオスとメスとあまり変わりはない。それで、オスのナミアゲハは、一所懸命飛び回って、メスのナミアゲハを探します。そして見つけると飛びついて交尾をします。その時にナミアゲハは「そういうものが自分のメスだ!」と思い込んでいるわけですよ。だから「そういうもの」がいたら、それに飛びついてみるわけです。

で、「そういうもの」というのはどんなもんなんだろうっていうことを、これはチョウチョに聞いたってわかりませんから、実験してみるよりほかないので、いよいよ実験をしてみました。

昔からそういう研究はたくさんあります。たとえばアカスジドクチョウという、黒い羽に広い赤い帯が入っているチョウチョがいるんです。で、このチョウチョで「オスはどういうものを探すか」ということを調べてみると、青い筋だと来ない。黄色い筋でも来ない。赤い筋を入れたのには来る。

ところが、この赤いところを大きく塗っちゃうんですね。そうすると本物のメスよりよく来るんです。そして、いちばんいいのは全部真っ赤っかにしちゃったやつなんです。そうすると猛烈にオスが来るんです。もうすごいスーパーメスになるわけだ。そういうところにオスがみな飛んでくるわけですね。

というような研究をして、チョウチョの場合に模様というものは意味はない、色が問題なんだというふうな論文を書いた人が何人もいました。で、ぼくもそういうもんかな、と思っていたんですよ。

　それでね、本物のメスの標本を棒の先につけておきますと、飛んできたオスはそこにバッと来るんです。ところが、黄色いところをマジックで、たとえばブルーで全部塗っちゃうんです。そうするとすごいヘンなチョウチョができますね。こういう青く塗っちゃったやつには、絶対来ない。緑に塗っちゃっても来ない。黒だったらますます来ないです。だからやっぱり黄色が大事なんだということになるんです。

　それからまぁ、よくあんなことやったと思うけど、安全カミソリの刃でアゲハチョウの羽の黄色い縞のところを切り出すんです。これ大変なんですよ、結構。それをアゲハチョウの格好の大きさに切った黒い紙の上に貼っていきます。真っ黄っきのアゲハをつくったわけです。これはきっとすごく目立つはずであると。

　そうしたら側を通るオスのアゲハがみんな来るじゃないか、と思ったら、まったくそうはならない。チョウチョは近くを飛ぶ時ちょっとは見てます。けどぜんぜん、それっきり。寄って来るのはいない。本物のメスだったらば、オスはさっとそこに飛んできます。だけどそんなことは絶対しないんですね。

　じゃぁというんで、さっき切り抜いて残った黒いところだけを、この真っ黄色のモデルに乗っけてみたんです。すると、また元の黒と黄色の縞模様がでてくるわけ。そうするとね、オスのチョウチョが来るんです。つまり色が問題で模様は問題じゃないというのは嘘だ。やっぱり模様は問題なんだってことになりました。

今度は、黒い四角い紙にアゲハの羽の黄色いところを切り出して貼ります。羽の黄色い部分を五つか六つ貼ってやりました。さっきのも黒いところに黄色い筋が入っている。この場合も黒いところに黄色い筋が入っている。でも形や数や向きはぜんぜん違う。これはどう見たってチョウチョじゃないよね。ただし理屈としては黒と黄色の縞になってるんです。さてオスはどうするだろうと、木の間に立てて置く。そしたらここへオスがぼんぼんやって来るんです。

結局ね、ナミアゲハにおけるメスのシンボルとは何なんだっていうと、それはこの色の縞模様である、ということになっちゃう。縞模様であれば、四角の上に黄色い筋をつけた、こんなに理論化しちゃった縞模様でも、メスだと思っちゃう。こういうことなんです。

人間にもそういうことがたくさんあって、たとえば男から見ると髪の毛の長いのはだいたい女だと思うんです。女もそう思うかもしれません。ところが昔は男の子でも長髪にしてた人がいっぱいいたんで、長髪にしてる男を後ろから見て女の子だと思っちゃうわけね。それはまさに「髪の毛を長くしたのは女である」という思い込みなんです。それに近いようなことをこのチョウチョたちがやっているんだということです。しかしそれが悪いとは言えないですね。

ぼくらはやっぱりそういうふうに、ある程度思い込みでもってものを判断している。いいかえれば、思い込みがないとものを見ることはできない、という気もするんです。つまりイリュージョンがないと、ものは見えないということで、ぼくの書いた『動物と人間の世界認識』という本に「イリュージョンなしに世界は見えない」というサブタイトルをつけました。

この講義は、「人間はどういう動物か」というタイトルでやってきました。始めから言いましたけども人間というのは、動物であるのは間違いないんだが、まっすぐ立って歩いていることから始まって、ひじょうにヘンな動物であるし、おまけにさっきのイマジネーションをもってみたりですね、イリュージョンをもってみたり言語をつくってみたりとか、いろんなヘンなことをしている動物なんだけれども、結果的にいうとやっぱり動物として生きている、こういう動物だってことになります。

人間という動物はいろんなことができる動物であって、かつしかし、やっぱり動物であることは間違いない。これからみなさん昼飯を食べるでしょうけど、やっぱり昼飯は食べないといけないですね。どんなにすごい動物だといっても昼飯を食わないでいることはできない。動物はみんなかならず飯を食べます。人間も食べます。そういう意味では完全に動物なんですね。だからこそ、人間はどういう動物かということを、われわれはちゃんと知る必要があるということです。

それではこの講義はこれで終わります。ご苦労さまでした。

あとがき

京都大学名誉教授　今福道夫

本書は、京都精華大学の客員教授をされていた日高敏隆先生が、同大学で行った半年間の講義をまとめたものです。講義をビデオに収め、その映像から文字を起こし、膨大な文から本としての体裁を整えました。その際、話し言葉にしばしば見られる重複を取り除き、また文としての統一など、いくぶんかの調整を行いました。しかし、先生の講義の魅力や臨場感が失われないよう、ありのままの表現を極力尊重しました。本書に目を通すことによって、先生の講義を直接受けているような印象となるようにしました。

私が日高先生の講義をはじめて受けたのは、もう四〇年以上も前の、東京農工大学の学生の頃です。先生の講義にはつねに新しいものが含まれ、面白いものでした。当時はまだ新しかったミトコンドリアの話、昆虫の単眼の機能についての仮説、生物リズムのメカニズムとしてのミルクマン・セオリーなどを記憶しています。

当時から先生は学問の国際的動向に注意を払っていました。ヨーロッパで動物行動学が興ると、すばやく『ソロモンの指輪』などを翻訳して、この学問をわが国に導入しました。一九八二年には「日本動物行動学会」を設立し、一九九一年には「国際動物行動学会議」をわが国で開催して、この学問を日本に定着させました。また、欧米で行動生態学が広まりはじめると『利己的な遺伝子』を翻訳して、この最新の学問をわが国に紹介しました。人間を動物学的に見ようというデズモンド・モリスの世界的名著『裸のサル』を翻訳したのは、一九六九年のことです。こうした一連の活躍が、先生の講義のバックグランドになっています。

以前に先生から、こんな話を聞いたことがあります。東京大学の学生時代の頃のことだそうです。植物学の先生は「あれはこうだ」「これはこうだ」と非常にきちんとした講義をするのに対し、動物学の先生は「ここのところがわからない」とか「こう思うんだけど、どうもはっきりしない」といった調子の講義だったそうです。ところが、学生たちの大学院への希望を見ると、動物学への志望者が圧倒的に多かったそうです。学生にしてみれば、「もうわかっていることは、やってもしょうがない」ということだそうです。本書の講義にも「よくわからない」がしばしば出てきます。

私は東京農工大学時代には学生として、京都大学時代には部下として、日高先生にはずいぶんお世話になりました。たいへん残念なことに、先生は昨年の一一月に亡くなられました。もはや、先生の講義を聞くことはできません。本書の講義は先生の晩年に行われたもので、講義の総まとめということができるでしょう。先生の講義は生物学の基礎知識がなくてもわかります。理系、文系を問わず、また一般の方々も、この講義を楽しまれれば視野が広がることと確信します。

本書の作成にあたり、ビデオから文章への多大な作業をされた京都精華大学のスタッフの方に、本書の企画および本の体裁を整えていただいた昭和堂の松井久見子さんに、また、楽しい挿絵を描いて下さった藤井桃子さんに、心よりお礼申し上げます。

二〇一〇年七月

■著者紹介

日高敏隆（ひだか としたか）

動物行動学者。1930年、東京生まれ。東京大学理学部動物学科卒業。理学博士。東京農工大学教授、京都大学教授、滋賀県立大学初代学長、総合地球環境学研究所初代所長、京都精華大学客員教授を歴任。2000年に南方熊楠賞受賞、2008年に瑞宝重光章受章。2009年11月没。

おもな著書に『チョウはなぜ飛ぶか』（岩波書店）、『春の数えかた』（新潮社）、『動物と人間の世界認識――イリュージョンなしに世界は見えない』（筑摩書房）他多数。おもな翻訳書に『ソロモンの指環』（早川書房）、『利己的な遺伝子』（共訳、紀伊國屋書店）他多数。

ぼくの生物学講義――人間を知る手がかり

2010年10月30日　初版第1刷発行
2018年 9 月 5 日　初版第6刷発行

著　者　日 高 敏 隆
発行者　杉 田 啓 三
〒607-8494 京都市山科区日ノ岡堤谷町 3-1
発行所　株式会社　昭和堂
振込口座　01060-5-9347
TEL（075）502-7500 ／ FAX（075）502-7501
ホームページ　http://www.kyoto-gakujutsu.co.jp/showado/

印刷　亜細亜印刷

ISBN 978-4-8122-1043-7

阿部健一 編　生物多様性　子どもたちにどう伝えるか　本体2200円

山村則男 編　生物多様性どう生かすか　保全・利用・分配を考える　本体2200円

日高敏隆 編　生物多様性はなぜ大切か　本体2300円

今福道夫 著　おとなのための動物行動学入門　本体1900円

和田英太郎
神松幸弘 編　安定同位体というメガネ　人と環境のつながりを診る　本体2200円

中道正之 著　ゴリラの子育て日記　サンディエゴ野生動物公園のやさしい仲間たち　本体2300円